Service-Telefon 0130 - 86 3448

Rufen Sie uns an, wenn Sie Fragen zum Einsortieren der Folgelieferung haben, wenn Ihnen Folgelieferung fehlen, oder wenn Ihr Werk unvollständig ist.
Wir helfen Ihnen schnell weiter!

Der Inhalt dieser Folgelieferung

Titel des Beitrags	aktualisiert	neu, bzw. erweitert	Seiten
Aktuelles		X	20
Spezieller Pflanzenanbau			
Teil 7: Gerste		X	3
Teil 17: Körnererbsen		X	7
Obstbau **Teil 5: Kirschenanbau**		X	5
Anbau im Gewächshaus			
Teil 21: Paprika als Hauptkultur		X	10
Teil 23: Auberginen als Hauptkultur		X	7
Sorten und Saaten			
Teil 2: Großkörnige Leguminosen		X	9
Teil 3: Gerste		X	8
Grünland und Naturschutz **Teil 1: Wiesen- und Weidennutzung**		X	9
Rinderhaltung **Teil 8: Ketose**		X	10
Bienenhaltung **Teil 7: Schwarmtrieb und Völkervermehrung**		X	10
Backwaren **Teil 1: Brotbacken auf dem Hof**		X	3
Vollwerternährung **Teil 2: Definition der Vollwerternährung**		X	21
Anlage von Hecken **Teil 1: Was sind heimische Wildsträucher?**		X	16
Adressen	X		4
Diverse Verzeichnisse	X		24
Gesamt			**166**

Vorgesehener Seitenpreis (inkl. 7 % MwSt.): ca. DM 0,49
Diese Folgelieferung: Preis DM 78,–; Seiten: 166; tatsächlicher Seitenpreis (inkl. 7 % MwSt.): DM 0,47

Aktuelles

Überblick über wichtige Nachrichten der letzten Monate für Abonnenten des Springer-LoseblattSystems »Ökologische Landwirtschaft« bis April 1997.

BEATE DUSSA, ROLAND H. KNAUER, IMMO LÜNZER, URS NIGGLI UND HELGA WILLER

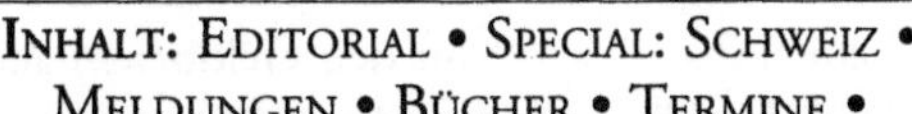

INHALT: EDITORIAL • SPECIAL: SCHWEIZ • MELDUNGEN • BÜCHER • TERMINE •

Editorial

Fleisch und Wahnsinn

Nein, absolute Sicherheit gibt es nicht auf dieser Welt. Warum ein solcher Satz ganz am Anfang des »Aktuellen« steht? Der Hintergrund dazu steckt in der Überschrift, es geht wieder einmal um den Rinderwahnsinn oder abgekürzt BSE. Auch wenn die Redaktion es kaum mehr wagt, das Thema anzuschneiden, da die Massenmedien unsere Abonnenten längst mit einer wahren Berichtflut überschwemmt haben, wir kommen nicht drum herum. Denn noch immer bleiben etliche Sachverhalte klarzustellen (siehe nachfolgenden Beitrag). Klar ist jedenfalls, daß der BSE-Fall vom Jahresanfang entgegen manchen anderslautenden Berichten nichts mit einem anerkannten Biobauern zu tun hatte.

Und doch muß ebenso klar gesagt werden, daß die Richtlinien der Verbände keinen Hundert-Prozent-Schutz vor Rinderwahnsinn, Schweinepest und anderen »Konsumenten-Schockern« bieten können.

Und damit wären wir wieder beim Anfang, absolute Sicherheit gibt es nicht. Das ist wie bei der Fortbewegung: Zwar ist Autofahren erheblich gefährlicher als Zufußgehen. Aber auch beim Laufen kann man stürzen und daran unter Umständen sogar sterben. Nur viel unwahrscheinlicher ist der Unfalltod für den Fußgänger in einer autofreien Zone eben.

Das Beispiel läßt sich hervorragend auf die Landwirtschaft übertragen. Zwar verringern die im nachfolgenden Beitrag genannten Regelungen das

Risiko eines Ökobauern für BSE und andere »Zivilisationskrankheiten« im Vergleich mit intensiver Landwirtschaft drastisch. Aber kein Biobauer wird behaupten, daß seine Tiere nicht doch ab und zu einmal krank sind. Und solange der Zukauf von Tieren auch von konventionellen Betrieben möglich bleibt, kann nicht ausgeschlossen werden, daß ein BSE-infiziertes Tier dabei ist, schließlich vergehen Jahre zwischen Infektion und Ausbruch der Krankheit. Das Rind kann sogar aus England stammen, die entsprechenden Bescheinigungen lassen sich anscheinend recht bequem fälschen. Selbst ein aufmerksamer Biobauer hat kaum eine Chance, einen solchen Schwindel zu entlarven.

Deshalb sollte der Öko-Landwirt nur Tiere von anderen Biobauern kaufen. Obendrein sollte jeder Zukauf exakt nachgewiesen werden und überprüfbar dokumentiert sein. Und schließlich sollten keine Tiere unter Markenzeichen der Bioverbände gekauft, geschlachtet oder vermarktet werden, die aus »kritischen« Ländern stammen. Das hat zum Beispiel Biopark bereits in seinen neuen Richtlinien verankert.

Wer absolut ehrlich für die ökologische Landwirtschaft werben will, sollte sich daher auf den wirklichen Ursprung besinnen: Im Einklang mit der Natur wirtschaften, das war früher das erste und wichtigste Argument für den Ökolandbau. Daran hat sich bis heute nichts geändert. Aus diesem Grund starten wir diesmal auch ein Kapitel, das sich mit einem reinen Ökothema, den Wildsträuchern (11.07) befaßt. Deren Pflanzung rechnet sich für die Natur sehr rasch, für den Geldbeutel allerdings nur langfristig. Denn es vergehen Jahre, bis die Wildhecke das Ökosystem wirklich nachhaltig stabilisiert.

Die anderen Themen dieser Nachlieferung überstreichen wieder einmal die gesamte Palette des Öko-Landbaus, angefangen von der Gerste (gleich in zwei Teilen), über Spezialkulturen von der Kirsche bis zu Paprika und Aubergine (auch der Öko-Kunde verzichtet auf solche Exoten nur ungern), bis zur Ketose beim Rind oder dem Schwarmtrieb der Bienen. Mit dem Brotbacken auf dem Hof beginnt ein neues Kapitel, das viele Kunden zum Hofladen locken kann, während der zweite Teil des Vollwert-Ernährungs-Kapitels eher Argumentationshilfe gibt.

Bleibt die Agrarpolitik. Und die deckt diesmal Urs Niggli mit einem Schweiz-Special ab. Der Blick über den eigenen Zaun hilft schließlich oft genug bei der Lösung der eigenen Probleme. Und das gilt im Hinblick auf die Schweiz nicht nur für die Bauern (es gibt immer etwas vom Nachbarn zu lernen!), sondern vor allem für die Agrarpolitiker. Die Entschuldigung, eine solche Entwicklung würde in Deutschand die Europäische Union verhindern, führt übrigens der Blick zum EU-Mitglied Österreich ad absurdum.

ROLAND H. KNAUER (Redaktion)

Wahnsinn ohne Ende

In Deutschland sind nach offiziellen Meldungen bis heute fünf Rinder an BSE gestorben. Der jüngste Fall, der im Januar 1997 bekannt wurde, wurde immer wieder mit dem ökologischen Landbau in Verbindung gebracht. Der Betriebsleiter des Hofes in Brakel bei Höxter, bei dem die tödliche Infektion des Rindes »Cindy« zum Ausbruch gekommen ist, hat jedoch mehrfach öffentlich erklärt, kein Biolandwirt zu sein. Die Recherchen der Staatsanwaltschaft zur Herkunft des Tieres werden dadurch erschwert, da der Betriebsleiter in Mecklenburg-Vorpommern, dessen Betrieb zunächst als Geburtsort von »Cindy« in den Medien dargestellt wurde, Mitte 1995 verstorben ist. Mittlerweile scheint sich der Verdacht zu bestätigen, daß »Cindy« ein aus Großbritannien importiertes Rind war. Damit ist es fraglich, ob die Herkunft des Tieres überhaupt mit einem deutschen Landwirtschaftsbetrieb in Verbindung zu bringen ist.

Dieser Fall zeigt, daß es gravierende Lücken in der staatlichen Kontrolle und Überwachung der Rinderseuche gibt. Nur die Importrinder aus Großbritannien wurden bisher bundesweit überwacht, und selbst dies ungenügend. Der Großteil der Nachkommen dagegen unterlag keiner Kontrolle. Erst das Bekanntwerden dieses jüngsten Falls veranlaßte die Bundesregierung dazu, auch ein Schlachtverbot für die erste Nachkommensgeneration der britischen Importrinder zu erlassen.

EU-einheitlicher Rinderpaß

Besonders skandalös ist die unzureichend gesicherte Herkunftsdokumentation deutscher Rinder.

Deshalb unterstützt die SÖL die Forderung der Arbeitsgemeinschaft der Verbraucherverbände nach einem EU-einheitlichen Rinderpaß und die obligatorische Etikettierung von Rindfleisch und -produkten innerhalb der Europäischen Union. Es sollte möglich sein, die Herkunft von Rind, Rindfleisch und Rindfleischerzeugnissen von der Ladentheke bis zum Stall, in dem die Tiere geboren wurden, zurückzuverfolgen. Außerdem sollten die Viehtransporte über alle Grenzen hinweg drastisch eingeschränkt und die Vermarktung statt dessen regionalisiert werden.

Die AGÖL-Rahmenrichtlinien sehen für die Mitgliedsbetriebe der ökologischen Verbände in Deutschland die Dokumentationspflicht für den Tierzukauf, aber auch für alle zugekauften Betriebsmittel verbindlich vor. Die einzelnen Verbände haben diese Vorschrift in ihren Richtlinien durch die Führung von Stallbüchern verankert. Die Vermarktung von Tieren (unter Warenzeichen), die in Großbritannien geboren und aufgezogen wurden, ist z. B. bei Bioland und Demeter seit 1994 und 1995 verboten. Seit 1996 ist ferner der Zukauf aus Irland und der Schweiz mit einer Ausnahmegenehmigung verbunden.

Übrigens: Rinder erkranken nicht an BSE, weil sie einer bestimmten Rasse oder Nationalität angehören, sondern weil sie mit krankmachenden Stoffen (infektiöses Tiermehl) gefüttert worden sind.

Zukunftsorientierte Agrarpolitik ist notwendig

Die eigentliche Ursache für BSE, Schweinepest und andere Tierkrankheiten ist die verfehlte Agrarpolitik. Dadurch werden die Bauern gezwungen, möglichst billig zu produzieren, oder den Betrieb aufzugeben. Wie dabei mit dem »Produktionsmittel Tier« umgegangen wird ist zweitrangig. Eine weiteres wichtiges Anliegen der Agrarpolitik muß in Zukunft die Sicherung und Schaffung von Arbeitsplätzen in ländlichen Gebieten sein.

Im Hinblick auf BSE gilt für den Öko-Landbau:

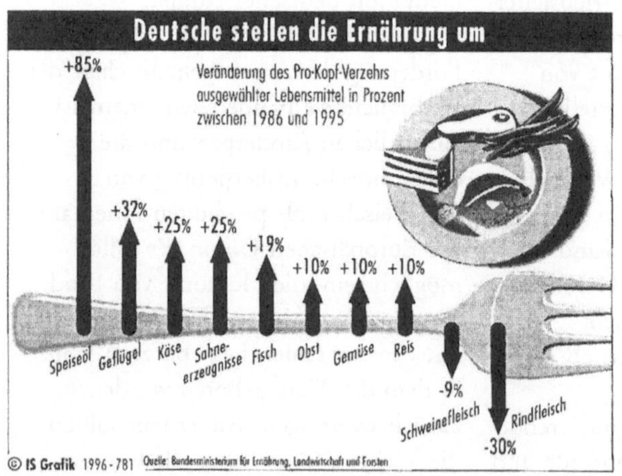

Abb. 1: *Deutsche stellen die Ernährung um*

- Der Einsatz von Tiermehlen war schon immer verboten. Das Futter stammt, abgesehen von wenigen kontrollierten Ausnahmen, aus ökologischem Landbau.
- Der Viehzukauf, der auch überprüft wird, spielt eine untergeordnete Rolle. Angestrebt wird, die Tiere selbst nachzuziehen oder sie von anderen Biohöfen zu kaufen.

Die SÖL fordert daher, daß auch für Betriebe, die nach EU-Richtlinien wirtschaften, sich also keinem AGÖL-Verband angeschlossen haben, baldmöglichst Richtlinien für die Tierhaltung vorliegen, denn bisher ist hier nur der Pflanzenbau gesetzlich geregelt.

BEATE DUSSA und IMMO LÜNZER

DOSTAL, BETTINA/BEATE DUSSA/IMMO LÜNZER: BSE Rinderwahnsinn - Entstehung und Ausbreitung des Rinderwahnsinns, Aktuelles Infoblatt der Stiftung Ökologie & Landbau, 3. überarbeitete Auflage 1996

Multis wollen kennzeichnen

Unilever in Rotterdam verständigte sich mit Verbraucherschutzverbänden und der Regierung dararuf, ab 1. April in Holland freiwillig jene Produkte zu kennzeichnen, die Eiweiße aus Gen-Soja enthalten. Bei Nestlé fiel eine ähnliche Entscheidung. Auch sie werden in Zukunft solche Produkte kennzeichnen. Die anderen europäischen Lebensmittelhersteller sind darüber nicht erfreut. Solche Alleingänge seien fatal, so Christiane Toussaint vom Bund für Lebensmittelrecht und Lebensmittelkunde in Bonn. Es müsse eine einheitliche Regelung gefunden werden.

Sachsen gibt sein Öko-Prüfsiegel für deutschlandweite Nutzung frei

Das sächsische Landwirtschaftsministerium hat in einem Schreiben an die Arbeitsgemeinschaft Ökologischer Landbau (AGÖL) und die Centrale Marketing Agentur (CMA) angeboten, den Öko-Punkt des Landes Sachsen (»Sächsisches Öko-Prüfsiegel») für die Weiterentwicklung zum bundeseinheitlichen Öko-Siegel zur Verfügung zu stellen. Auch wurde für die Bekanntmachung des neuen Siegels eine finanzielle Unterstützung in Aussicht gestellt. Die Weiterentwicklung des sächsischen Öko-Punktes spare dem deutschen ökologischen Landbau Zeit und Geld, sowie dem Verbraucher ein weiteres neues Öko-Zeichen, so Staatssekretär Hermann Kroll-Schlüter. Der Öko-Punkt sei bei den Bio-Verbrauchern bereits bekannt.

Tabak wichtiger als Umweltschutz

Nur 0,16 Prozent des Gesamtbudgets der Europäischen Union wird für den Umweltschutz ausgegeben, die Agrarindustrie verschlingt dagegen rund 50 Prozent der Gelder. Zu diesen Ergebnissen kommt eine Studie der Stiftung Europäisches Naturerbe.

Der Gesamthaushalt der EU hat einen Umfang von rund 150 Milliarden Mark. Nach Aussage der Staatengemeinschaft ist der Umweltschutz zwar ein vordringliches Ziel ihrer Politik, trotzdem werden für diesen Posten nur rund 220 Millionen Mark zur Verfügung gestellt. Im Gegensatz dazu erhält die Ketchupindustrie Zuschüsse von fast 800 Millionen und die Tabakindustrie von zwei Milliarden Mark. Bezuschußt werden »Raucher-Reisen», also Billigflüge für Qualmer. Die Agrarindustrie erhält sogar 70 Milliarden Mark. Damit wird einerseits die konventionelle Produktion gesteigert, die durch Pestizide und Mineraldünger den Boden belastet. Um die dabei erwirtschafteten Überschüsse wieder abzubauen, werden weitere Milliarden Mark benötigt.

Staatlich geprüfter Landwirt – Fachrichtung Ökologischer Landbau

Nach 1996 wird auch in diesem Jahr die Weiterbildung zum Staatlich Geprüften Wirtschafter (ein Jahr) oder Staatlich Geprüften Landwirt (zwei Jahre) an der Fachschule für ökologischen Landbau in Kleve durchgeführt. Das Unterrichtsangebot enthält auch praktische Lehrgänge, wie Milchverarbeitung sowie praktische Arbeiten auf einem ökologisch bewirtschafteten Betrieb. Die Weiterbildung befähigt zu verantwortlichen Tätigkeiten auf ökologisch wirtschaftenden Betrieben, bei Verbänden, Vermarktungsorganisationen und Kontrollstellen des ökologischen Landbaus sowie in öffentlichen Beratungs- und Versuchseinrichtungen.

Näheres: Landwirtschaftskammer Rheinland, Höhere Landbauschule Kleve, Elsenpaß 5, 47533 Kleve, Tel: 02821-99671 (Ralf Grigoleit)

WWF und Unilever entwickeln Zertifikat für naturschonende Fischfangmethoden

Der Worldwide Fund for Nature (WWF) will erreichen, daß große Lebensmittelunternehmen möglichst nur noch Fisch verarbeiten, der nach ökologischen Kriterien aus dem Meer geholt wurde. Der aus diesem Grund zusammen mit Unilever entwickelte Kriterienkatlog beinhaltet den absoluten Schutz für überfischte Regionen sowie die Anwendung »abfallarmer» Fangmethoden. Das Zertifikat soll Weiterverarbeitern und Verbrauchern naturschonenede Fangmethoden garantieren.

Ein ähnliches Zertifikat gibt es bereits für Holz. Damit will der WWF erreichen, daß mehr Flächen in den nachhaltigen Waldbau einbezogen werden. Eine Kampagne mit dem Titel

WWF 2000 – Living Planet läuft seit Oktober 1996. Ziel ist der Erhalt von 200 bedeutenden Ökoregionen, von sibirischen Wäldern bis zu südpazifischen Meeresgebieten.

Turbohormon bei Lachsen

In der Lachszucht darf künftig das Wachstumshormon Somatotropin eingesetzt werden, das zur gleichen Stoffgruppe wie das umstrittene Rinderwachstumshormon BST gehört. Von 15 EU-Mitgliedsstaaten stimmten acht für den Einsatz, dagegen votierten die Minister aus Griechenland, Italien, Spanien, den Niederlanden, Luxemburg, Schweden und Deutschland.

Wachstum bei Tierarzneimitteln

Bei einem Wachstum von über acht Prozent erreichte der deutsche Gesamtmarkt für Tierarzneimittel 1995 einen Umsatz von 750 Millionen DM. Dieser Umsatz verteilt sich auf Landwirtschaft und Haustierhaltung. 30 Prozent entfielen auf Antibiotika, 25 Prozent auf Seren/Impfstoffe/Diagnostika und 19 Prozent auf Mittel gegen Parasiten. Nicht erfaßt ist hierbei der Schwarzmarkt.

Fair gehandelte Schokolade setzt sich durch

Süßes aus fairem Handel kommt an: Im Vergleich zum Vorjahr hat der Schokoladenabsatz der Gesellschaft zur Förderung der Partnerschaft mit der Dritten Welt mbH (gepa) 1996 um 70 Prozent zugenommen. Rund 1,5 Millionen Tafeln gepa-Schokolade wanderten in Weltläden und Supermärkten über die Ladentheke. Außerdem soll noch in diesem Jahr eine Schokolade aus Vollrohrzucker als Bioschokolade Pionierarbeit leisten.

Näheres: gepa-Geschäftsstelle, Talstr.20, D-58332 Schwerin

Biofleisch-Boom

Nach der neuesten Marktanalyse wird der gesamteuropäische Markt für Fleisch- und Milchprodukte aus biologischer Herstellung auf derzeit 1,10 Mrd. US-Dollar geschätzt und soll bis zum Jahr 2002 auf 3,2 Mrd. US-Dollar steigen. Hauptursache dafür ist eine wachsende Ablehnung der intensiven Haltungsmethoden und die zunehmende Skepsis der Verbraucher gegenüber der Genießbarkeit der hier erzeugten Nahrungsmittel und den bei der Herstellung herrschenden Hygienestandards. Als Folge wird von den Produzenten verstärkt Freilandhaltung betrieben und Fleisch aus biologischem Anbau erzeugt.

Biolandbau in der Tschechischen Republik

Der tschechische Verband für den ökologischen Landbau (Pro-Bio) hatte Ende 1996, dem siebten Jahr seines

Bestehens, rund 250 Mitglieder, wovon 131 praktizierende Ökolandwirte sind. Diese bewirtschaf-
ten eine Fläche von 9200 ha. Während für die Kontrolle der Anbaumethoden

eine staatliche Supervision zuständig ist, kümmert sich Pro-Bio überwiegend um den Beratungsdienst und die Übermittlung von Informationen. Außerem veröffentlicht Pro-Bio zu verschiedenen fachlichen Themen oder Verbandsnachrichten in Form von Flugschriften, Broschüren und der Fachzeitschrift Ekologické zemedelství. Regelmäßig erscheinen die monatlichen »Pro-Bio Informationen« und Artikel in der Zeitung »Bionoviny«.

Schwerpunkt »Ökologischer Landbau«

Schleswig-Holstein ist das erste Bundesland, das den »Ökologischen Landbau» als Schwerpunkt an einer Landwirtschaftsschule anbieten wird. Mit dem Schuljahr 1997/98 soll dieses Bildungsangebot in Rendsburg starten. Ziel ist die Weiterentwicklung einer umweltgerechten, Markt- und verbraucherorientierten Landwirtschaft. Bisher gab es in Schleswig-Holstein nur einen Pflichtwahlblock »Ökologischer Landbau».

Quelle: Auswertungs- und Informationsdienst für Ernährung, Landwirtschaft und Forsten (aid) e. V. 1/97

Special: Die Schweiz

1997 soll in der Schweiz auch vom Gesetzgeber her das Jahr des Biolandbaus werden. Im Frühjahr tritt nach den Plänen des zuständigen Bundesamtes für Landwirtschaft die Schweizer Bioverordnung in Kraft. Der unter Mithilfe eines Expertengremiums, bestehend aus Vertretern der Vereinigung schweizerischer biologischer Landbau-Organisationen (VSBLO), des Forschungsinstituts für biologischen Landbaus (FiBL), Agrarfachleuten des Bundes, Lebensmittelaufsichtsbehörden und Handel/Verarbeitung (Großverteiler COOP und Migros Nestlé), erarbeitete Entwurf lehnt sich eng an die Verordnungen der EG Nr. 2092/91 und folgende an. Schwachstellen der EU-Verordnung wie das Fehlen von Tierhaltungsvorschriften und Grenzen für Nährstoffinputs und Kupferanwendung, die Möglichkeit der sektoriellen Umstellung oder die allzu starke Diskriminierung der Umstellungsprodukte sollten im Schweizer Verordnungstext besser gelöst werden.

Im November letzten Jahres stellte das Bundesamt für Landwirtschaft den Kantonen, landwirtschaftlichen Verbänden und weiteren Interessierten das Ergebnis der Expertentätigkeit vor. Zwei wichtige Punkte des gut gelungenen Verordnungsentwurfes stoßen den etablierten Landwirtschaftskreisen aber sauer auf:

- Die französisch sprechende Westschweiz verlangt, wie in der EU, einen Freipaß für die sektorielle Umstellung von einzelnen Kulturen oder Parzellen.
  Konventionelle Betriebe sehen darin ihre Chancen, Bioobst, Biogemüse und Biowein den Bedürfnissen des Marktes angepaßt zu produzieren, ohne in eine eigentliche Betriebsumstellung einzutreten, so wie es Produzenten aus Südfrankreich und Spanien vormachen.
- Im weiteren wehrt sich die konventionelle Landwirtschaft mit Händen und Füßen dagegen, daß die Bioverordnung auch den Begriff »ökologisch« abdeckt. Sie argumentieren, daß in der Schweiz die Verbraucher sich daran gewöhnt hätten, daß auch Produkte aus integrierter Produktion als ökologisch gelten. Im weiteren würde auch in der EU die Verordnung 2092/91 vor allem im deutschsprachigen Raum auf den Begriff »ökologisch«, ausgedehnt, während in den romanischen Ländern »ecologique« oder »ecologico« nicht zwingend bio sein müsse.

Diese Entwicklung ist besorgniserregend. Es bleibt zu hoffen, daß das Bundesamt für Landwirtschaft dem großen Druck der konventionellen Landwirtschaft nicht nachgibt. Denn es bestünde die Gefahr, daß in der Schweiz ein »Bio-Brot« im Supermarkt neben einem »Öko-Brot« steht, dessen Getreide aus integrierter Produktion stammt. Somit würden die Bioprodukte ihrer Profilierungsmöglichkeit, der Ökonische, beraubt werden. Im weiteren gerieten Bioprodukte unter einen enormen Preisdruck, da im selbem Segment Produkte mit ganz unterschiedlichen Entstehungskosten im Wettbewerb stehen.

Die Hauptnutzen einer staatlichen Regelung, nämlich die klare Information der Verbraucher und günstige Rahmenbedingungen für den Marktauftritt der Biobauern und Bioverarbeiter, ist mit der aktuellen politischen Entwicklung gefährdet.

Bioboom

Die unerfreuliche Entwicklung bezüglich Bioverordnung kontrastiert mit der erstaunlichen Resonanz, die Bioprodukte auf dem Markt haben. Die Gesamtzahl der Landwirtschaftsbetriebe, die unter Kontrolle stehen, hat sich 1997

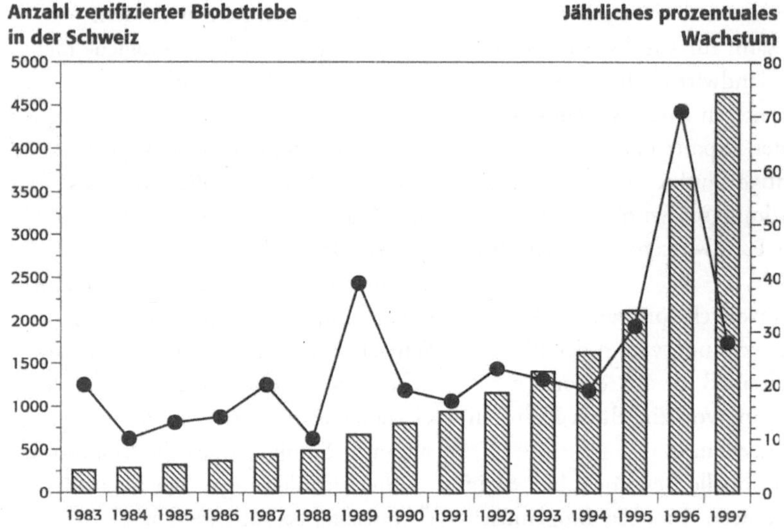

Abb. 2: *Verlauf der Umstellung seit 1983*

auf 4.600 erhöht. Mit rund 70.000 Hektar Land werden damit sieben Prozent der landwirtschaftlichen Nutzfläche biologisch bewirtschaftet (Abb. 2 und 3). Die Umstellung ist im Berggebiet besonders intensiv, inzwischen ist im Berg- und Tourismus-Kanton Graubünden jeder dritte Bauer ein Biobauer. Gewachsen ist in den letzten drei Jahren auch die Obstfläche (+200%) und die Gemüsefläche (+300%).

Bioprodukte werden in der Schweiz unter drei Labeln angeboten (Tabelle 1). Das Angebot an Bioprodukten ist heute praktisch flächendekkend und umfaßt alle Detailgeschäfte. Das umfassenste Angebot weisen dabei die Verkaufsläden der COOP Schweiz auf (32 % des Schweizer Lebensmittelhandels), die praktisch ein biologisches Vollsortiment anbieten. Alle Prognosen schätzen, daß im Jahr 2000 mindestens 15 % der inländischen Produktion umgestellt ist, und daß der Import an biologischen Produkten noch stark steigen wird.

Das »neue« FIBL

Das Forschungsinstitut für biologischen Landbau (FIBL) war während 23 Jahren in Oberwil beheimatet. In dieser Zeit ist die Zahl der Mitarbeiter in Forschung, Beratung und Kontrolle (Inspektion/Zertifizierung) auf über 70 gestiegen.

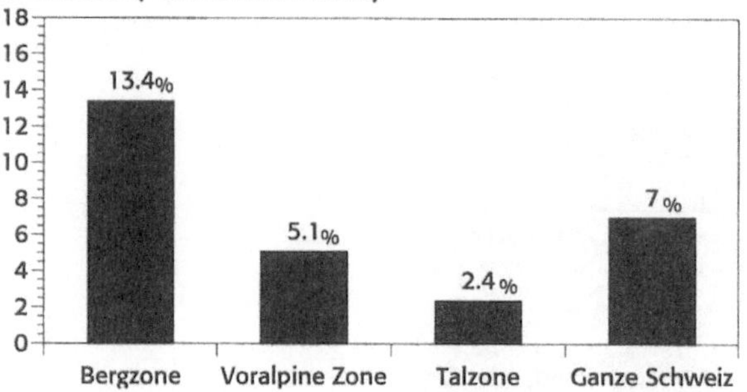

Abb. 3: *Anteil der biologisch bewirtschafteten Fläche nach Höhenzone (Stand 1997)*

Tabelle 1: **Vermarktung von Schweizer Bioprodukten**

Label	Inhaber	Vermarktungswege
BIO SUISSE	Vereinigung schweizerischer biologischer Landbau-Organisationen (VSBLO), Leimenstrasse 72, 4051 Basel Tel. 061 272 06 70 Fax. 061 272 00 51 4600 angeschlossene Produzenten	- COOP-Filialen - verschiedene kleinere Ketten wie primo/visavis, Globus Delikatessa, Jelmoli, EPA - Reform- und Bioläden - Direktvermarktung
DEMETER	Produzentenverein für biologisch-dynamische Landwirtschaft, Grabenackerstrasse 15, 4142 Münchenstein Tel. 061 416 06 43 Fax 061 416 06 44 180 Produzenten (die auch Mitglied der VSBLO sind)	- Direktvermarktung - Reform- und Bioläden - kleinere Detailhandelsketten
MIGROS BIO PRODUCTION	Migros-Genossenschaftsbund, Agroökologischer Service, Case postale 203, 1010 Lausanne Tel. 021 651 73 00 Fax 021 653 72 71 zirka 400 Produzenten (die meist auch Mitglied der VSBLO sind)	- Migros-Filialen

Abb. 4: *Das neue Zuhause der FiBL*

Seit Anfang diesen Jahres konnte das FIBL die umgebauten Gebäude der Landwirtschaftsschule in Frick (ebenfalls in der Nordwestschweiz, Großraum Basel gelegen) mieten. Insgesamt stehen l.800 m² moderner Büro- und Laborraum zur Verfügung, ein Gewächshaus, ein Café/Restaurant für die Verpflegung sowie Schulungs- und Kursräumlichkeiten. Ein Ackerbau-/Milchviehbetrieb mit Obst- und Weinbau in der Größe von 32 Hektar wurde zum Forschungsbetrieb umgestaltet.

Am 21. und 22. Juni 1997 öffnet das FIBL seine Türen und präsentiert seine Aktivitäten.

URS NIGGLI, (Leiter FiBL)

Bücher

AgrarBündnis (Hrsg.) (1997): Der kritische Agrarbericht – Landwirtschaft 97 AbL Bauernblatt Verlag, Marienfelderstr. 14, 33378 Rheda-Wiedenbrück

Die Kritischen Agrarberichte belegen – nun schon im fünften Jahr –, daß es trotz einer Politik, die sich die Wachstumslandwirtschaft auf die Fahnen geschrieben hat, noch viele Menschen gibt, die für eine menschen-, tier- und umweltgerechte Landwirtschaft eintreten und Perspektiven aufzeigen können. Von über 50 Autoren werden regelmäßig Daten und Hintergrundinformationen aus allen Bereichen der Landwirtschaft zusammengetragen. Dabei werden Positionen, Ziele und Forderungen der Agraropposition, des AgrarBündnisses, deutlich. In Zukunft sollte sich dieses Werk jedoch ausführlicher mit der ökologischen Agrarkultur beschäftigen. Außerdem wäre es schön, wenn das umfangreiche Werk durch Stichwortregister ergänzt werden könnte.

36,– DM, 336 Seiten,

Zens, Andrea, Landesanstalt für Pflanzenbau und Pflanzenschutz (1996):

Wirkung und Bewertung alternativer Mittel zur Schaderregerbekämpfung. Schriftenreihe Landesanstalt für Pflanzenbau und Pflanzenschutz, Heft 2/96

Verschiedene nicht synthetische Chemikalien, zusammengefaßt unter dem Begriff alternative Mittel, lassen sich anhand vorhandener Rechtsvorschriften nicht eindeutig definieren. Dies führt einerseits zu Auslegungsschwierigkeiten und andererseits zur Frage über den Wert dieser Mittel. Zu ihrer Nutzung sind sie aber einer eingehenden Prüfung in gleicher Weise wie andere Stoffe zu unterwerfen. In der vorliegenden Schrift sind Versuche der staatlichen landwirtschaftlichen Beratung und der Literatur zusammenfassend dargestellt und bewertet. Sie soll Interessenten sowohl im Erwerbsanbau als auch im Hobby- und Freizeitbereich helfen, die Frage nach dem Wert verschiedener alternativer Mittel zu lösen.

25,– DM, 190 Seiten, zahlreiche Tabellen, ISSN 1431-6471 Landesanstalt für Pflanzenbau und Pflanzenschutz D-55128 Mainz, Essenheimerstr. 144

Schinner, Franz; Sonnleitner, Renate (1996):

Bodenökologie: Mikrobiologie und Bodenenzymatik. Band 2. Bodenbewirtschaftung, Düngung und Rekultivierung Springer-Verlag, Berlin; Heidelberg, 148,– DM, 359 Seiten, 24 Tab., 3-540-61023-5

Wesentliche Grundlagen und Anwendungsbereiche der Bodenmikrobiologie und -enzymatik sind in vier Einzelbänden umfassend dargestellt. Band I »Grundlagen, Klima, Vegetation und Bodentyp» gibt einen Überblick über den spezifischen Lebensraum Boden, die den Boden besiedelnden Organismen sowie die im Boden ablaufenden biochemischen Umsetzungen. Band II »Bewirtschaftung, Düngung und Rekultivierung» beschreibt den Einfluß von konventionellen und alternativen Bewirtschaftungsformen auf verschiedene Bodenparameter; dabei werden besonders Nutzungsform, Bearbeitung und Düngung betrachtet. »Pflanzenschutzmittel, Agrarhilfsstoffe und organische Umweltchemikalien» bilden den Schwerpunkt von Band III, während »Anorganische Schadstoffe« im Band IV beschrieben werden.

Ein Tal stirbt

Die Zahlen sind dramatisch: Wo 1708 noch 534 Menschen in einem sieben Kilometer langen Alpental im italienischen Piemont lebten, sind es heute 31. Das Pflaster auf dem Saumpfad bröckelt, die Steige zwischen den winzigen Weilern wuchern zu, eine Straße gibt es ohnehin nur ganz unten im Tal. Dabei ist das Val Vogna, gleich neben den Touristenorten am Monte Rosa, beileibe kein Einzelfall. Während in manchen Tälern der Tourismus boomt, sterben die Nachbargemeinden aus. Längst wirft die Landwirtschaft zu wenig ab, um damit nach modernen Maßstäben leben zu können. Die Jungen suchen einen Job in den großen Städten wie Mailand und Turin, die Alten leben ihr Leben zu Ende. Und vielleicht erzählen sie einem Deutschen ihre Geschichte oder Episoden aus ihrem schlichten Dasein - zumindest wenn er lange genug im Tal bleibt, so daß er ihr Vertrauen gewinnt. Eberhard Neubronner ist Jahr für Jahr, zu allen Jahreszeiten im Val Vogna gewesen. Nicht als Sachbuch, sondern als literarisches Ereignis schreibt er seine Erlebnisse nieder. Und schildert damit die Situation treffender als es nüchterne Information könnte. Denn plötzlich werden die letzten Bauern im Val Vogna vor den Augen des Leser mit all ihren Sorgen und Überlegungen lebendig. Das gelingt vor allem, weil Eberhard Neubronner ihre Erzählungen ohne Wertung wiedergibt. Und doch sagt er dem Leser deutlich, wo seine Sympathie liegt. Wenn er zum Beispiel die Möglichkeit einer Straße durch das Tal, auf denen Touristen zu Seilbahnen auf die Dreitausender ringsum fahren könnten, als Alptraum schildert. Oder wenn er erzählt, wie der letzte Wirt im Tal von Tagesausflüglern aus Mailand

Abb. 5: *Entvölkerung zerstört das Tal*

Abb. 6: *Der letzte Wirt versorgt Wanderer neben der Kirche (Fotos: Roland Knauer)*

und Turin und von wenigen Wanderern lebt, die zwar nicht als sanfte, aber immerhin als relativ sanfte Touristen ins Tal am Monte Rosa kommen. Vor ähnlichen Alternativen stehen viele Täler in den Alpen. Denn das Bergbauernsterben ist in Deutschland und Österreich, in der Schweiz, Italien und Frankreich gleichermaßen die Kehrseite des Tourismus.

RHK

Eberhard Neubronner: Das Schwarze Tal. Menschen im Piemont - eine Annäherung; Panico Alpinverlag, Köngen, 215 Seiten, 39,80 Mark

Termine

Mai

Ökologisches Bauen und Sanieren III: Prima Klima - wenig Energie - Gesundes Wohnen, Fachkongreß

Termin: 11. bis 13.05.1997
Ort: Kolping-Haus Fulda

Diese Veranstaltung findet zusammen mit der 8. Jahrestagung des Allergie-Vereins in Europa AVE e.V. statt. Information: Arbeitsgemeinschaft Ökologischer Forschungsinstitute AGÖF-Kongreßbüro, Umweltberatung Fulda, Petersgasse 27, 36037 Fulda, Tel: 0661-9011545, Fax: -71019

Ökologischer Obstbau: Die Regeneration der Obst-Gehölze und Obst-Anlagen

Seminar vom 26. bis 30.05.1997
von der Plantage zum dynamischen Obstpark; Wurzel- und Stammunterlagen aus Samen als Grundlagen der Resistenz; Erhaltung und Weiterentwicklung alter Sorten; die Planetenbeziehung der Obstgehölze; Obstanbau und Klimazonen-Verschiebung
Näheres: HERA-Foschungsstelle für ökologischen Landbau, Pflanzen- und Tierzucht e.V., Hauptstr. 10,

56767 Uess/Eifel,
Tel: 02692-8295, Fax: -727

Juni

Nützlingsseminar

Termin: vom 05. bis 06. 06. 1997
Bedeutung und Bestimmung von Nützlingen im ökologischen und umweltschonenden Wein- und Obstbau
Näheres: Staatliche Lehr- und Forschungsanstalt Neustadt (SLFA), Abteilung Phytomedizin, Iris Führ, Breitenweg 71, 67435 Neustadt

Exkursionsreihe »Ökologisches Wirtschaften in Schleswig-Holstein«

Termin: 05.06.97
Ort: Neumünster
Information: Akademie für Natur und Umwelt
Tel.: 04321/9071-0
Fax: 04321/9071-32
E-Mail: umweltakademie@netzservice.de

Kräuter: Wanderung und Vortrag

Termin: 07.06.1997 von 15 bis 18 Uhr
Kräuter erkennen und anwenden lernen – mit vielen praktischen Tips und Rezepten
Näheres: Lerngut Sonnenhausen, Sonnenhausen 2, 85625 Glonn,
Tel: 08093-3311, Fax: -2712

Natuma – Ausstellung für ökologische Produkte, erneuerbare Energie, sanfte Technologie, Umwelt und Gesundheit

Termin: vom 05. bis 08.06.1997
Näheres: Oberrheinhallen GmbH, Postfach 21 10, 77611 Offenburg,
Tel: 0781-92260, Fax: 0781-922677

Augentrost, Beifuß, Thymian Von Heil-, Wild- und Gewürzkräutern, Fortbildung füe Multiplikatoren in der Erwachsenenbildung

Termin: 06. bis 08.06.97
Ort: Wiesenfelden
Information: Bildungswerk des Bund Naturschutz in Bayern e.V.
Tel.: 09966/1270, Fax: 09966/490

Ackerwildkräuter in Thüringen - Vorkommen und Schutz

Termin: 12.06.1997
Ort: Bad Frankenhausen/Bauernkriegsdenkstätte
Information: Thüringer Landesanstalt für Umwelt Jena
Tel.: 03641/684-312
Tel.: 03641/684-114

ÖKO '97 - mit Sonderteil Öko-Bau

Umweltmesse des BUND
Termin: vom 13. bis 16.06.1997
Näheres: Sunder & Rottner, Von-Vollmar-Str. 4, 91154 Roth
Tel: 09171/4011, Fax: 09171/4016

Artgerechte Tierhaltung und alternative Heilverfahren in der Veterinärmedizin

Termin: 20.06. bis 21.06.97
Ort: München
Information: Lerngut Sonnenhausen
Tel.: 08093/3311, Fax: 08093/2712

Erhaltung historischer Bauerngärten im ländlichen Raum

Termin: 18.06. bis 19.06.97
Ort: Hof Möhr
Information: Hof Möhr
Tel.: 05199/98910, Fax: 05199/98946

Kennenlernen heimischer Arten: Süßgräser

Termin: 21.06. bis 22.06.97
Ort: Ökologische Forschungsstation Waldeck, Edersee
Information: Naturschutz-Zentrum Hessen
Tel.: 06441/24025-27
Fax: 06441/24028

Pfälzer Ökoweinfest

Termin: vom 20. bis 22.06.1997
Ort: in Neustadt, Ortsteil Mussbach-Herrenhof
Weinmesse mit Weinprobe und Beiprogramm
Veranstalter: Bioland/Ecovin/Stiftung Ökologie & Landbau
Näheres: Bernd Pflüger, (BÖW), Gutleutstr. 48, 67098 Bad Dürkheim
Tel: 06322/63148

FAO-Konferenz zur nachhaltigen Landwirtschaft

Termin: vom 22. bis 28. 06 1997
Ort: Braunschweig
Tagungsgebühr: 250 DM, einschließlich Mittag- und Abendessen.
Näheres: Federal Agriculture Research Centre (FAL) – Institut für Pflanzenbau, (Konferenz zur nachhaltigen Landwirtschaft), Bundesallee 50, D-38116 Braunschweig,
Fax 0531-59 63 65

Juli

Kein schöner Land

Tagung vom 04. bis 06.07.1997
Landschaft zwischen Ästhetik und Nutzung
Näheres: Evangelische Akademie Baden, Postfach 2269, 76010 Karlsruhe,
Tel: 0721-9349291, Fax: -9349349

August

Pflanzen-Verwandlung als Alternative zur Gen-Technik

Seminar vom 11. bis 15.08.1997
Methoden der Saatgutentwicklung; Ackerfrüchte und Gemüse als dauerhafte Hofsorten; Erhaltung und Weiterentwicklung alter Landsorten; Erweiterung der Vielfalt durch Typenbildung; Saatgut-Initiativen in Hof, Arbeitsgemeinschaft und Zuchtstelle

Näheres: HERA-Foschungsstelle für ökologischen Landbau, Pflanzen- und Tierzucht e.V., Hauptstr. 10, 56767 Uess/Eifel, Tel: 02692-8295, Fax: -727

Harmonisierung ökonomischer und ökologischer Ziele:

Extensive Beweidung auf Grünland - Ein Konzept für die Artenvielfalt
Termin: 19.08.97
Ort: Neumünster

Information: Akademie für Natur und Umwelt
Tel.: 04321/9071-0
Fax: 04321/9071-32
E-Mail: umweltakademie@netzservice.de

Wenn der Bock zum Gärtner wird... Auswirkungen von Beweidung in der Landschaftspflege
Termin: 28.08. bis 30.08.97
Ort: Wetzlar
Information: Naturschutz-Zentrum Hessen
Tel.: 06441/24025-27
Fax: 06441/24028

Naturnahe Bewirtschaftung von Geestwäldern am Beispiel des Forstamtes Segeberg
Termin: 14.08.97
Ort: Waldhaus im Wildpark Trappenkamp
Information: Akademie für Natur und Umwelt
Tel.: 04321/9071-0
Fax: 04321/9071-32
E-Mail: umweltakademie@netzservice.de

Sommerakademie: Boden als Lebensraum: Eine Entdeckungsreise in die Tier- und Pflanzenwelt bodennaher Schichten
Termin: 15.08.97
Ort: Waldhaus im Wildpark Trappenkamp
Information: Akademie für Natur und Umwelt
Tel.: 04321/9071-0
Fax: 04321/9071-32
E-Mail: umwetakademie@netzservice.de

Wildstauden als Gestaltungsmittel auf privaten und öffentlichen Grünflächen
Termin: 26.08.97
Ort: Berufsbildungswerk Neumünster
Information: Akademie für Natur und Umwelt
Tel.: 04321/9071-0
Fax: 04321/9071-32
E-Mail: umweltakademie@netzservice.de

September

27. Jahrestagung der Gesellschaft für Ökologie in Müncheberg
Termin: vom 01. bis 06.09.1997
Generalthema: Erkenntnisse, Methoden und Lösungsansätze für eine dauerhafte Naturentwicklung in Mitteleuropa

Näheres: ZALF (Zentrum für Agrarlandschafts- und Landnutzungsforschung) e. V., Eberswalder Str. 84, 15374 Müncheberg,
Fax: 033432-82212

Einsatz und Verarbeitung ökologischer Produkte als gastronomischer Wettbewerbsfaktor in Schleswig-Holstein
Termin: 02.09.97
Ort: Neumünster
Information: Akademie für Natur und Umwelt
Tel.: 04321/9071-0
Fax: 04321/9071-32
E-Mail: umweltakademie@netzservice.de

109. VDLUFA-Kongress Stoff- und Energiebilanzen in der Landwirtschaft
Termin: vom 15. bis 20.09.1997
Ort: Universität Leipzig, Augustenplatz 10-11, 04109 Leipzig
Näheres: Verband Deutscher Landwirtschaftlicher Untersuchungs- und Forschungsanstalten (VDLUFA), Bismarckstraße 41 A, 64293 Darmstadt, Tel: 06151-26485, Fax: -293370

Instrumentelle Grundlagen des Naturschutzes und der Landschaftspflege
Multivariante Methoden in der Analyse vegetations- und tierökologischer Daten
Termin: 15.09. bis 19.09.97
Ort: Hof Möhr, Schneverdingen
Information: Alfred Toepfer Akademie
Tel.: 05199/989-0, Fax: 05199/989-46

Ökologischer Landbau als Potential für ländliche Räume und Landschaftsentwicklung
Termin: 17.09.97
Ort: Neumünster
Information: Akademie für Natur und Umwelt
Tel.: 04321/9071-0
Fax: 04321/9071-32
E-Mail: umweltakademie@netzservice.de

Exkursionsreihe »Ökologisches Wirtschaften in Schleswig-Holstein«: artefact
Termin: 18.09.97 Ort: Neumünster
Information: Akademie für Natur und Umwelt
Tel.: 04321/9071-0
Fax: 04321/9071-32
E-Mail: umweltakademie@netzservice.de

Waldwiederaufbau in den veränderten Klimazonen der Erde
Seminar vom 15. bis 19.09.1997
Auflösung und Neubildung der Waldgesellschaften; Baum-Regeneration und Planeten-Rhythmen; Äthergeographie als Grundlage der Landschaftsgestaltung; Heimatorte und Wirksamkeiten der Elementarwesen

Näheres: HERA-Foschungsstelle für ökologischen Landbau, Pflanzen- und Tierzucht e.V., Hauptstr. 10, 56767 Uess/Eifel,
Tel: 02692-8295, Fax: -727

Faunistische Landesarbeitsgemeinschaft Hessen
Termin: 20.09.97
Ort: Frankfurt, Forschungsinstitut Senckenberg
Information: Naturschutz-Zentrum Hessen
Tel.: 06441/24025-27
Fax: 06441/24028

Netzwerk Ökologische Feldforschung
Termin: 27.09.97
Ort: Biebergemünd-Bieber, Lochmühle
Information: Naturschutz-Zentrum Hessen
Tel.: 06441/24025-27
Fax: 06441/24028

Umgang mit Enzian und Silberdistel
Pflege von Halbtrockenrasen
Termin: 27.09.97
Ort: Bad Kissingen
Information: Bildungswerk des Bund Naturschutz in Bayern e.V.
Tel.: 09966/1270, Fax: 09966/490

Oktober

Anuga - Weltmarkt für Ernährung
Messe vom 10. bis 16.10.1997 in Köln

November

Agritechnica '97
Internationale DLG-Fachausstellung für Landtechnik vom 11. bis 15.11.1997

Näheres: Deutsche Landwirtschafts-Gesellschaft e.V. (DLG) Eschborner Landstraße 122, 60489 Frankfurt, Tel: 069-247880, Fax -24788110

Heilendes Wirken im Lebendigen
Kurs vom 14. bis 16.11.1997 mit Franz Karl Rödelberger, biologisch dynamischer Landwirt, Goldenhof, Urberg

Landwirtschaft und Gartenbau, Baumpflege und Tierhaltung als Grundlage oder als Ergänzung für jeden bewußt lebenden Menschen. Der Einfluß von unserem Verhalten in der Natur auf unsere nächste Inkarnation.

Näheres: Kultur- und Bildungswerk Rüttihubelbad, CH-3512Walkringen, Tel: 0041-31-7008181 oder -7008183, Fax:-7008190

Nach Redaktionsschluß

Nach einer Untersuchung der Stiftung Warentest eignen sich viele der sogenannten »Sportgetränke« nicht, die Verluste des Körpers an Mineralstoffen und Kohlenhydraten zu ersetzen, wenn mehr als eine Stunde Sport getrieben wird. Besser ist es nach Meinung von Ernährungsphysiologen, ein Natriumreiches Mineralwasser mit Fruchtsaft zu trinken (Kraut und Rüben, 3/97, Seite 96). Während das Wasser die verlorenen Salze als Natrium, Chlorid, Magnesium und Kalzium zuführt, liefert der Fruchtsaft die Kohlenhydrate nach. Für Selbstvermarkter von Fruchtsäften ist das ein wichtiges Verkaufsargument.

RHK

Anleitung zum

Einsortieren

Folgelieferung April '97

Sehr geehrter Abonnent, sehr geehrte Abonnentin,

die neueste Folgelieferung für Ihr *SpringerLoseblattSystem Ökologische Landwirtschaft* bringt Ihnen praxisnahe und fachbezogene Informationen zu Ackerbau, Viehzucht, Vermarktung und anderen Aspekten der Landwirtschaft und gibt Ihnen praktische Arbeitshilfen in die Hand.
Die beste Information ist nur dann sinnvoll, wenn sie auf Abruf bereitsteht. Aus diesem Grund bitten wir Sie, die Folgelieferung entsprechend dieser Anleitung möglichst sofort einzuordnen. So haben Sie die Sicherheit, daß nichts verloren geht, alles übersichtlich ist und Sie immer auf dem neuesten Stand des Wissens bleiben. Mit einem Satz: das Einsortieren bedeutet fünf Minuten Mühe, die sich lohnen!
Und so machen Sie es:

Ihr Werk, das nehmen Sie heraus:		**Diese Folgelieferung,** das ordnen Sie ein:	
Das Titelblatt (Schmutztitel)	1 Blatt	Das neue Titelblatt (Schmutztitel)	1 Blatt
Sektion 00, Wegweiser			
Das Inhaltsverzeichnis der Sektion 00	1 Blatt	Das aktualisierte Inhaltsverzeichnis der Sektion 00	1 Blatt
Das Kapitel 00.03: »Inhaltsübersicht«	3 Blatt	Das aktualisierte Kapitel 00.03: »Inhaltsübersicht«	3 Blatt
Das Kapitel 00.04: »Autorenverzeichnis«	2 Blatt	Das aktualisierte Kapitel 00.04: »Autorenverzeichnis«	2 Blatt
Sektion 02, Pflanzenbau			
Das Inhaltsverzeichnis der Sektion 02	2 Blatt	Das aktualisierte Inhaltsverzeichnis der Sektion 02	2 Blatt

		Das neue Kapitel 02.05, Teil 7: »Gerste«	2 Blatt
		Das neue Kapitel 02.05, Teil 17: »Körnererbsen«	4 Blatt
		Das neue Kapitel 02.06, Teil 5: »Kirschenanbau«	3 Blatt
		Das neue Kapitel 02.08, Teil 21: »Paprika als Hauptkultur«	5 Blatt
		Das neue Kapitel 02.08, Teil 23: »Auberginen als Hauptkultur«	4 Blatt
		Das neue Kapitel 02.11, Teil 2: »Großkörnige Leguminosen«	5 Blatt
		Das neue Kapitel 02.11, Teil 3: »Gerste«	4 Blatt
Sektion 03, Grünland			
Das Inhaltsverzeichnis der Sektion 03	1 Blatt	Das aktualisierte Inhaltsverzeichnis der Sektion 03	1 Blatt
		Das neue Kapitel 03.05, Teil 1: »Wiesen- und Weidennutzung«	5 Blatt
Sektion 04, Nutztiere			
Das Inhaltsverzeichnis der Sektion 04	2 Blatt	Das aktualisierte Inhaltsverzeichnis der Sektion 04	2 Blatt

		Das neue Kapitel 04.08, Teil 8: »Ketose«	5 Blatt
		Das neue Kapitel 04.13, Teil 7: »Schwarmtrieb«	5 Blatt
Sektion 07, Verarbeitung, Lagerung			
Das Inhaltsverzeichnis der Sektion 07	1 Blatt	Das aktualisierte Inhaltsverzeichnis der Sektion 07	1 Blatt
		Das neue Kapitel 07.02, »Brotbacken auf dem Hof«	2 Blatt
Sektion 09, Verbraucher			
Das Inhaltsverzeichnis der Sektion 09	1 Blatt	Das Inhaltsverzeichnis der Sektion 09	1 Blatt
		Das neue Kapitel 09.02, Teil 2: »Definition der Vollwerternährung«	11 Blatt
Sektion 11, Agrarpolitik			
Das Inhaltsverzeichnis der Sektion 11	1 Blatt	Das aktualisierte Inhaltsverzeichnis der Sektion 11	1 Blatt
		Das neue Kapitel 11.07, Teil 1 »Heimische Wildsträucher«	8 Blatt
Sektion 12, Allgemeines			
Das aktualisierte Inhaltsverzeichnis der Sektion 12	1 Blatt	Das aktualisierte Inhaltsverzeichnis der Sektion 12	1 Blatt
Die Seiten 3/4, 5/6 und 7/8 des Kapitel 12.01: »Adressen«	3 Blatt	Die aktualisierten Seiten 3/4 (**kostenloser Austausch**), 5/6 und 7/8 des Kapitel 12.01: »Adressen«	3 Blatt

Ökologische Landwirtschaft
Pflanzenbau – Tierhaltung – Management

Herausgegeben von
I. Lünzer und H. Vogtmann

Redaktion
R. Knauer

Mit Beiträgen von
M. Albrecht, G. Alvermann, E. Bauer, E. Boehncke, U. Böttcher, R. Büchler, B. Burdick, U. Buschhaus, F. Conrath, F. Deerberg, W. Dreyer, U. Ebert, S. Erhardt, D. Fölsch, P. von Fragstein, A. Franzmann, B. Freyer, M. Friebl, B. Glaeser, W. Gutberlet, M. Haccius, A. Häseli, U. Hampl, R. Hermanowski, B. Hörning, J. Jungehülsing, B. Kaiser-Heydenreich, R. Knauer, E. Kölsch, W. Kress, K. Kreuzer, C. Krutzinna, H. Kuhnert, C. Leitzmann, U. Lindner, A. Löhr, I. Lünzer, A. Meier-Ploeger, D. Müller, J. Neuendorff, G. Postler, P. Przybilla, F. Rau, H. Redelberger, H. J. Reents, L. Reh, C. Roeckl, R. Roehl, F. Sattler, E. Scheller, O. Schmid, J. Schneider, L. Schulze Pals, K. L. Schweisfurth, J. Schneider, R. Seibold, J. Spranger, H. Stöppler-Zimmer, M. Straub, L. Tamm, F. Thomas, B. Urner, U. Venator, H. Vogtmann, F. Weibel, H. Weismantel, H. Willer, B. Wirthgen, R. Witt, E. Wyss, W. Xylander

Stand: April '97

Springer-Verlag Berlin Heidelberg GmbH

Impressum

Herausgeber:
Dipl.-Ing. agr. IMMO LÜNZER
Stiftung Ökologie und Landbau,
Bad Dürkheim

Prof. Dr. sc. tech. HARTMUT VOGTMANN
Präsident des Hessischen Landesamtes für Regionalentwicklung und Landwirtschaft,
Kassel

Redaktion:
Dr. rer. nat. ROLAND KNAUER
Ilmenau 2
96160 Geiselwind

Projektentwicklung/Zentralredaktion
ELKE BIEBER
Dr. med. NIKLAS STILLER
med-inform
Schneider-Wibbel-Gasse 4
40213 Düsseldorf

Satz:
KAREN FLEMING, med-inform

Visuelles Konzept:
MetaDesign, Berlin

Geschäftliche Post bitte ausschließlich an den Springer-Verlag, Auftragsbearbeitung zu Händen von Frau RENATE ASSMANN
Postfach 31 13 40
10643 Berlin

ISBN 978-3-540-62846-0
ISBN 978-3-662-25236-9 (eBook)
DOI 10.1007/978-3-662-25236-9

51/3130/543210 - gedruckt auf chlorfrei gebleichtem Papier

Sektion 00, Wegweiser

Inhaltsübersicht der Sektionen und ihrer Kapitel

Mit ● markierte Kapitel behandeln eingehend die ökonomischen Vor- und Nachteile der ökologischen Wirtschaftsweise. Weitere Kapitel mit diesem Aspekt werden vorbereitet. Die mit der Folgelieferung April '97 gelieferten Beiträge sind hellrot unterlegt.

Sektion 03, Grünland

– Weitere Beiträge in Vorbereitung –

Sektion 04, Ökologische Nutztieraufzucht und -haltung

Sektion 09, Verbraucher

Sektion 10, Wissenschaft

Sektion 11, Agrarpolitik, -kultur, -ökologie und soziale Aspekte

Sektion 12, Allgemeines, spezielle Themen und Service

Autorenverzeichnis

ALBRECHT, MARC
Dipl. Ing. agr., Geschäftsführer des Verbandes für handwerkliche Milchverarbeitung im ökologischen Landbau e. V., Kranzberg

ALVERMANN, GUSTAV,
Dipl. -Ing. agr., Ökoring Walsrode

BAUER, EBBA,
Dipl. Ing. hort. (Gartenbau), Hauswirtschaftsmeisterin auf dem Dottenfelder Hof

BOEHNCKE, ENGELHARDT,
Prof. Dr. med. vet., Fachbereich 11, Fachgebiet Ökologische Tierhaltung, Universität Gesamthochschule Kassel, Witzenhausen

BÖTTCHER, UTE,
Projektgruppe »Qualifikationslehrgang Umweltschutzexpertin«, Bonn

BÜCHLER, RALPH,
Dr., Hessische Landesanstalt für Tierzucht, Abteilung Bienenzucht, Kirchhain

BURDICK, BERNHARD,
Dipl.-Ing. agr., Enquete-Kommission »Schutz der Erdatmosphäre«, Deutscher Bundestag, Bonn

BUSCHHAUS, UTE
Landwirtschaftl. Gehilfin, Dipl.-Ing. agr., Beraterin ökologischer Landbau bei Bioland Nordrhein-Westfalen, Hamm

CONRATH, FELIZITAS,
Dipl.-Psych., Projektgrupe »Qualifikationslehrgang Umweltschutzexpertin«, Bonn

DEERBERG, FRIEDHELM
Dr. agr., Dipl. Ing. agr., Fachberatung ökologischer Landbau, Witzenhausen

DREYER, WILFRIED,
Dipl.-Ing. agr., Ökoring, Walsrode

EBERT, ULRICH,
Dipl.-Ing. agr., Ökoring Walsrode

ERHARDT, SUSANNE,
Dipl.-Ing. agr., Bioland, Göppingen

FÖLSCH, DETLEF,
Prof. Dr. med. vet., Fachbereich 11, Fachgebiet: Nutztierethologie und artgemäße Tierhaltung, Universität Gesamthochschule Kassel, Witzenhausen

VON FRAGSTEIN, PETER,
Dr., Privatdozent für Ökologischen Landbau an der Gesamthochschule Kassel in Witzenhausen

FRANZMANN, ANNETTE,
Dipl.-Ing. agr., Ökoring, Walsrode

FREYER, BERND,
Dr. Ing. agr., Fachgruppenleiter Landschaftsökonomie und Landschaftsökologie im Forschungsinstitut für Biologischen Landbau, Oberwil, Schweiz

FRIEBL, MONIKA,
Dipl.-Ing. agr., Projektgruppe »Qualifikationslehrgang Umweltschutzexpertin«, Bonn

GLAESER, BERNHARD
Prof. Dr. phil., Lehrstuhl Humanökologie, Universität Göteborg/Schweden

GUTBERLET, WOLFGANG
Vorstandsvorsitzender der Firma tegut, Fulda

HACCIUS, MANON,
Dr. sc. agr., Arbeitsgemeinschaft Ökologischer Landbau, Darmstadt

HÄSELI, ANDI
Dipl. Ing. agr. HTL, Berater Obst- und Weinbau, Pflanzenschutz am Forschungsinstitut für biologischen Landbau, Oberwil, Schweiz

HAMPL, ULRICH,
Dipl.-Ing., Stiftung Ökologie und Landbau, Bad Dürkheim

HERMANOWSKI, ROBERT,
Dr. agr., Arbeitsgemeinschaft Ökologischer Landbau und Bioland, Frankfurt/Main

HÖRNING, BERNHARD,
Dipl.-Ing. agr. Dipl.-Ing. ökol. Umweltsicherung, Fachbereich 11, Fachgebiet Nutztierethologie und artgemäße Tierhaltung, Universität Gesamthochschule Kassel, Witzenhausen

JUNGEHÜLSING, JOBST,
Dipl.-Ing. agr., Bundesministerium für Ernährung, Landwirtschaft und Forsten

KAISER-HEYDENREICH, BARBARA,
Dipl.-Ing. (FH) Gartenbau, München, Vorstand Gesellschaft für Boden,
Technik, Qualität; Bundesverband für Ökologie in Land- und Gartenbau (BTQ)

KNAUER, ROLAND,
Dr. rer. nat., Freier Journalist für Naturwissenschaften, Geiselwind

KÖLSCH, EBERHARD,
Ing. agr. (grad.), landwirtsch.-techn. Assistent, Fachgebiet Ökologischer Landbau, Feldversuchswesen, Gesamthochschule Kassel, Witzenhausen

KRESS, WALTER,
Kress und Co. GmbH, Umweltschonende Landtechnik, Neuenstadt-Stein

KREUZER, KAI,
Dipl.-Ing., BLATTgrün Buchversand, Lauterbach

KRUTZINNA, CHRISTIAN,
Dr. Ing., Fachbereich 11, Fachgebiet Ökologische Tierhaltung, Universität Gesamthochschule Kassel, Witzenhausen

KUHNERT, HEIKE,
Dipl.-Ing., Fachbereich 11, Fachgebiet Agrarmarktlehre/Marketing, Universität Gesamthochschule Kassel

LEITZMANN, CLAUS
Prof. Dr., Oekotrophologe, Spezialgebiet Entwicklungsländer, Institut für Ernährungswissenschaften, Justus-Liebig-Universität, Gießen

LINDNER, ULRIKE,
Landwirtschaftskammer Rheinland, Lehr- und Versuchsanstalt für Gartenbau, Gemüseanbau

LÖHR, ANNETTE,
Dipl.-Ing. agr., Projektgruppe »Qualifikationslehrgang Umweltschutzexpertin«, Bonn

LÜNZER, IMMO,
Dipl.-Ing. agr., Stiftung Ökologie und Landbau, Bad Dürkheim

MEIER-PLOEGER, ANGELIKA,
Prof. Dr. agr., Fachgebiet Ernährungsökologie am Fachbereich Haushalt und
Ernährung der Fachhochschule Fulda

MÜLLER, DETLEV
Leiter des Vorstandsbüros tegut, Fulda

NEUENDORFF, JOCHEN,
Dr. agr., Dipl.-Ing. agr., Geschäftsführer der Gesellschaft für Ressourcenschutz, Göttingen; öffentlich bestellter und amtlich vereidigter Sachverständiger, Arbeitsschwerpunkt: Qualitätssicherung, Naturschutz, Grünlandbewirtschaftung

POSTLER, GÜNTHER,
Dr., Arbeitsgemeinschaft Rinderzucht auf Lebensleistung, Glonn

PRZYBILLA, PETER,
Dr., Hessische Landesanstalt für Tierzucht Neu Ulrichstein, Homberg/Ohm

RAU, FLORIAN,
Dipl.-Ing. agr., Ökoring, Walsrode

REDELBERGER, HUBERT,
Dipl.-Ing. agr., Betriebswirt grad., Dezernent für ökologischen Landbau im Hessischen Landesamt für Regionalentwicklung und Landwirtschaft, Kassel

REENTS, HANS JÜRGEN,
Dr., Koordinator für ökologischen Land- und Gartenbau, Technische Universität München/Weihenstephan

REH, LINDA,
Projektgruppe »Qualitätslehrgang Umweltschutzexpertin«, Bonn

ROECKL, CORNELIA,
Dipl. Ing. agr., Geschäftsführerin der Biologisch-Dynamischen Vereinigung Bayern e. V., Vorstand des Verbandes für handwerkliche Milchverarbeitung im ökologischen Landbau e. V.

ROEHL, RAINER,
Dipl. oec. troph., Frankfurt am Main

SATTLER, FRIEDRICH,
Landwirt auf dem Talhof, Heidenheim

SCHELLER, EDWIN,
Dr. Ing., Dipl.-Ing. agr., KWALIS Qualitätsforschung Fulda GmbH, Dipperz

SCHMID, OTTO
Dipl. Ing. agr. ETH, Berater für ökologischen Landbau, Spezialgebiet Obstbau und Vermarktung, Forschungsinstitut für biologischen Landbau, Oberwil, Dozent für alternative Methoden des Landbaus an der Eidgenössisch-Technischen Hochschule (ETH) in Zürich

SCHNEIDER, JÜRGEN,
Dipl.-Ing. agr., Ökoring, Walsrode

SCHULZE PALS, LUDGER,
Dr. agr., Ref. IIA5, Ministerium für Umwelt, Raumordnung und Landwirtschaft, Düsseldorf

SCHWEISFURTH, KARL LUDWIG,
Schweisfurth-Stiftung, München und Herrmannsdorfer Landwerkstätten in Glonn bei München

SEIBOLD, REINER
Dr. med, Chirurg und Landwirt, Vorstand der Gesellschaft zur Erhaltung alter und gefährdeter Haustierrassen, Radenthein, Österreich

SPRANGER, JÖRG,
Dr. Ing., praktischer Tierarzt (Homöopathie), Wuppertal

STÖPPLER-ZIMMER, HOLGER,
Dr. Ing., Dipl.-Ing. agr., Geschäftsführer eines Ingenieurbüros im Bereich organische Abfälle, Forschung über Sorten und Saaten an der Gesamthochschule Kassel, Witzenhausen

STRAUB, MICHAEL
Dipl.-Ing. agr., Ökologischer Obstbau-Beratungsdienst in der Staatlichen Lehr- und Versuchsanstalt für Wein- und Obstbau, Weinsberg

TAMM, LUCIUS,
Dr. Ing. agr. ETH, Pathologe, Forschungsinstitut für biologischen Landbau, Oberwil, Schweiz

THOMAS, FRIEDER,
Dipl.-Ing., AG ländliche Entwicklung, Fachbereich 13, Universität Gesamthochschule Kassel

URNER, BEATE
Freie Mitarbeiterin der Firma tegut, München

VENATOR, URSULA,
biologisch-dynamische Gärtnerin, seit 1978 im »Paradies« oberhalb von Remagen

VOGTMANN, HARTMUT,
Prof. Dr. sc. tech., Präsident des Hessischen Landesamtes für Regionalentwicklung und Landwirtschaft, Kassel

WEIBEL, FRANCO,
Dr. Ing. agr. ETH, Physiologe, Forschungsinstiut für biologischen Landbau, Oberwil, Schweiz

WEISMANTEL, HUBERT,
Direktvermarkter/Haus-Service, Langendorf

WILLER, HELGA
Dr. rer. nat., Geografin, Stiftung Ökologie und Landbau, Bad Dürkheim

WIRTHGEN, BERND,
Prof. Dr. sc. agr., Fachbereich 11, Fachgebiet Agrarmarktlehre/Marketing,
Universität Gesamthochschule Kassel, Witzenhausen

WITT, REINHARD
Dr. rer. nat., Diplom-Biologe, Journalist und Autor, Vorsitzender des Vereins Naturgarten

WYSS, ERIC,
Dr. phil. II, Enthomologe, Forschungsinstitut für biologischen Landbau, Oberwil (Schweiz), zuständig für den Bereich Schädlingsregulierung

XYLANDER, WULF,
Dr. agr., Leiter der Kontrollstelle für ökologischen Landbau GmbH, Dorfstraße 11, 07646 Tissa

Sektion 02, Ökologischer Pflanzenbau

Folgelieferung April '97

02.05 Spezieller Pflanzenbau

Teil 1: Speisekartoffeln
von Wilfried Dreyer
(Stand: September '94)

Teil 2: Winterweizen (Triticum aestivum)
von Ulrich Ebert
(Stand: April '96)

Teil 3: Qualitätsweizen
von Ulrich Ebert und Gustav Alvermann
(Stand: September '94)

Teil 4: Dinkel
von Ulrich Ebert
(Stand: Dezember '95)

Teil 5: Roggenanbau
von Wilfried Dreyer
(Stand: August '96)

Teil 7: Gerste
von Wilfried Dreyer
(Stand: April '97)

Teil 9: Zwischenfrüchte
von Wilfried Dreyer
(Stand: Dezember '95)

Teil 10: Untersaaten im Getreide
von Wilfried Dreyer
(Stand: Dezember '95)

Teil 11: Biologie der wichtigsten Getreideschädlinge
von Wilfried Dreyer
(Stand: April '96)

Teil 12: Mutterkorn
von Annette Franzmann
(Stand: August '95)

Teil 13: Vorbeugende Maßnahmen gegen Vorratsschädlinge
von Annette Franzmann
(Stand: Dezember '96)

Teil 17: Körnererbsen
von ULRICH EBERT
(Stand: April '97)

02.06 Obstbau

Teil 1: Biologische Obstproduktion
von FRANCO WEIBEL
(Stand: Dezember '95)

Teil 2: Der Markt für Bio-Obst
von OTTO SCHMID
(Stand: April '96)

Teil 3: Krankheits- und Schädlingsregulierung
von LUCIUS TAMM UND ERIC WYSS
(Stand: August '96)

Teil 4: Apfelanbau
von ANDI HÄSELI, FRANCO WEIBEL, ERIC WYSS UND MICHAEL STRAUB
(Stand: Dezember '96)

Teil 5: Kirschenanbau
von LUCIUS TAMM
(Stand: April '97)

02.07 Gemüseanbau

Teil 1: Kopfkohl
von FLORIAN RAU
(Stand: September '94)

Teil 2: Knollensellerie
von FLORIAN RAU
(Stand: September '94)

Teil 3: Porree
von FLORIAN RAU
(Stand: September '94)

Teil 4: Feldsalat
von FLORIAN RAU
(Stand: August '95)

Teil 5: Zwiebeln
von FLORIAN RAU
(Stand: August '96)

Teil 8: Industriemöhren
von Florian Rau
(Stand: Dezember '96)

02.08 Anbau im Gewächshaus
Teil 19: Tomaten als Hauptkultur
von Ulrike Lindner
(Stand: Dezember '96)
Teil 21: Paprika als Hauptkultur
von Ulrike Lindner
(Stand: April '97)
Teil 23: Auberginen als Hauptkultur
von Ulrike Lindner
(Stand: April '97)

02.11 Sorten und Saaten
Teil 1: Kartoffeln
von Eberhard Kölsch und Holger Stöppler-Zimmer
(Stand: Dezember '96)
Teil 2: Großkörnige Leguminosen
von Eberhard Kölsch und Holger Stöppler-Zimmer
(Stand: April '97)
Teil 3: Gerste
von Eberhard Kölsch und Holger Stöppler-Zimmer
(Stand: April '97)

Spezieller Pflanzenanbau Teil 7: Gerste

Sommergerste: Ansprüche an Standort und Boden, Fruchtfolgestellung, Aussaat, Unkrautregulierung; Wintergerste: Ansprüche an Standort und Boden, Fruchtfolgestellung, Aussaat, Unkrautregulierung, Sorten

Wilfried Dreyer

Im ökologischen Landbau wird Gerste zu unterschiedlichen Zwecken angebaut:

- Wintergerste als Futter- oder Speisegerste
- Sommergerste als Futter-, Speise- oder Braugerste

Sommergerste

Ansprüche an Standort und Boden

Futtergerste

Futtergerste kann auf allen Standorten mit mehr als 25 Bodenpunkten ohne Beregnung angebaut werden. Gerste reagiert empfindlich auf einen zu niedrigen pH-Wert. Er sollte deshalb stets im standortgemäßen Optimalbereich liegen (zum Beispiel Sandboden: 5,2 bis 5,5).

Braugerste

Um den erforderlichen Vollgerstenanteil zu bekommen (mehr als 90 Prozent größer als 2,5 mm), ist ohne Beregnung mindestens eine Bodenpunktzahl von 35 erforderlich, mit Beregnung sollten es mindestens 25 Punkte sein. Die Böden müssen im zeitigen Frühjahr befahrbar sein, staunasse Böden oder Tonböden sind also nicht geeignet. pH-Anspruch des Bodens: siehe Futtergerste.

Fruchtfolgestellung

Die Vorfruchtansprüche von Sommergerste sind in Bezug auf Fruchtfolgekrankheiten als gering einzustufen. Lediglich die Anfälligkeit gegenüber dem Haferzystenälchen, einer Nematodenart, die Wachstumshemmungen bewirkt, kann zu Schädigungen führen. Sommergerste sollte deshalb nicht nach Hafer stehen.

Sommergerste steht in der Fruchtfolge meist als zweite oder dritte abtragende Frucht. Geeignete Vorfrüchte sind Getreide mit Untersaat oder Zwischenfrucht, Kartoffeln mit Zwischenfrucht, Körnerleguminosen. Bei Braugerste ist darauf zu achten, daß die Vorfrucht nicht zu viel Stickstoff nachliefert, damit ein möglichst geringer Eiweißgehalt (höchstens zwölf Prozent) erreicht wird.

Aussaat

Braugerste sollte in der Zeit von Ende März bis Mitte April gesät werden, Futtergerste sollte ebenfalls möglichst früh gesät werden, kann aber auch bis Anfang Mai bestellt werden. Die Saatstärke sollte jeweils 250 bis 350 keimfähige Körner je m² betragen (etwa 120 bis 160 kg/ha). Die niedrige Zahl gilt dabei für Sandböden, die hohe Aussaatstärke für gute Böden. Die optimale Aussaattiefe beträgt zwei bis vier Zentimeter.

Unkrautregulierung

Sorten

Die Sommergerste ist die Getreideart mit der geringsten Unkrautkonkurrenz. Somit muß auf eine sorgfältige mechanische Unkrautregulierung großen Wert gelegt werden. Folgende Arbeitsgänge sind dabei empfehlenswert:

- Walzen mit Cambridge-Walze nach der Saat, um den Pflanzen die nötige »Verankerung« im Boden zu geben, damit sie beim Striegeln nicht herausgerissen werde.
- Striegeln im Vorauflauf, wenn der Keim etwa einen Zentimeter unter der Bodenoberfläche ist.
- Striegeln beim Spitzen und eventuell nochmaliges Striegeln nach dem Drei-Blatt-Stadium

Bei Futtergerste werden zweizeilige Sorten bevorzugt. Die Sorten sollten nicht extrem kurzstrohig sein und eine möglichst hohe Resistenz gegenüber den wichtigsten Krankheiten haben (Mehltau, Netzflecken, Rhynchosporium/siehe Kapitel 02.11. Teil 3).

Bei der Braugerste erfolgt die Sortenwahl ausschließlich in Absprache mit dem Abnehmer.

Wintergerste

Wintergerste wird im ökologischen Landbau nur in einem sehr begrenzten Umfang angebaut.

Gründe hierfür sind:

- geringer Bedarf an Futter- oder Speisegerste
- früher Aussaattermin (zweite Septemberhäflte), bedingt hohen Besatz an Wildkräutern und -gräsern
- schwierige Stickstoffversorgung wegen des frühen Umbruchtermines einer Gründüngungsvorfrucht

Vorteil beim Wintergerstenanbau ist der frühe Erntetermin (meist Juli). Anschließend besteht die Möglichkeit zur intensiven Stoppelbearbeitung oder zur frühen Zwischenfruchtaussaat.

Ansprüche an Standort und Boden

Im ökologischen Landbau sollte Wintergerste nur auf schweren, nicht zur Stickstoffverlagerung neigenden Böden mit geringem Unkrautbesatz angebaut werden. Auf leichten Standorten muß die Möglichkeit zur Gülle- oder Jauchedüngung gegeben sein.

Fruchtfolgestellung

Wintergerste hat keine spezifischen Vorfruchtansprüche. Eine ausreichende Stickstoffversorgung über Vorfrucht oder Gülle/Jauche muß gegeben sein.

Aussaat

Wintergerste muß bis spätestens Ende September ausgesät werden. Bei späterem Aussaattermin können vor dem Winter nicht mehr ausreichend Nährstoffe eingelagert werden, damit wächst die Gefahr der Auswinterung. Die Saatstärke sollte 300 bis 380 keimfähige Körner je m^2 betragen (rund 140 bis 180 kg/ha), die Aussaattiefe zwei bis vier Zentimeter.

Unkrautregulierung

Falls möglich, sollte die Wintergerste im Vorauflauf gestriegelt werden. Eine erste Unkrautwelle kann so beseitigt werden. Der Einsatz der Maschinenhakke ist von Vorteil. Dieses kann sowohl im Nachauflauf im Herbst gemacht werden als auch im Frühjahr.

Im Frühjahr kann die Gerste auch gestriegelt werden. Gegenüber dem Winterweizen ist die Gerste beim Striegeln wesentlich empfindlicher. Es ist darauf zu achten, daß die Pflanzen durch den Striegel nicht losgerissen werden.

Sorten

Es ist der Anbau von zweizeiligen und vierzeiligen Sorten üblich. Neben einer allgemeinen guten Resistenz sollten die Sorten nicht extrem kurzstrohig sein. Beim Anbau von Speisegerste muß die Sortenwahl mit dem Abnehmer abgesprochen sein. Nur Sorten mit gelber Schale finden hier Verwendung (siehe auch Kapitel 02.11, Teil 3).

Spezieller Pflanzenanbau
Teil 17: Körnererbsenanbau

Standortansprüche, Fruchtfolgestellung, Düngung, Sortenwahl, Aussaat, Pflege, Schädlinge, Ernte

Ulrich Ebert

In der Fruchtfolge auf ökologischen Betrieben hat die Körnererbse als Leguminose seit jeher einen festen Platz.

In den letzten Jahren hat sich der Anbau aufgrund veränderter Marktlage und neuer Züchtungen deutlich ausgeweitet. Die Körnererbse weist etwa 19 bis 23 Prozent Rohprotein auf, wobei die Verdaulichkeit gut und der Anteil der in vielen Futtermitteln eher knappen schwefelhaltigen Aminosäuren Mehionin und Cystin relativ hoch ist. Besonders in der Geflügelfütterung findet die Erbse aufgrund dieser Eigenschaften einen wachsenden Markt.

Im Vergleich zu anderen Körnerleguminosen ist die Erbse durch den Züchtungsfortschritt in verschiedenen Ertragsmerkmalen, wie auch hinsichtlich der Beerntbarkeit, in den letzten Jahren verbessert worden, so daß das Ertragspotential und die Anbaueignung gestiegen sind. Durch die Einführung der EU-Agrarreform mit attraktiven Flächenbeihilfen für den Körnerleguminosenanbau, bekam der Erbsenanbau einen zusätzlichen wirtschaftlichen Reiz.

Die Vegetationszeit beträgt je nach Sorte, Saattermin und Witterung 100 bis 130 Tage. Damit ist die Erbse auch unter norddeutschen Bedingungen ohne Einschränkung anbaufähig.

Standortansprüche

Die Körnererbse wächst auf allen Ackerstandorten, vorzugsweise auf Böden mit gutem pH-Wert, ohne Bodenverdichtungen und Staunässe. Im Vergleich zur Ackerbohne ist sie auch auf leichteren Böden und bei Jahresniederschlägen unter 600 mm noch anbaufähig. Auszuschließen sind Standorte mit sehr steinigen Böden und extremer Sommertrockenheit, da der Wasserbedarf ab Beginn der Blüte bis zur Gelbreife am größten ist. Bei trockenen Frühsommerbedingungen im Juni kann eine Reduktion der Kornzahl je Hülse erfolgen.

Um eine günstige Entwicklung der in Symbiose lebenden Knöllchenbakterien zu gewährleisten, sollte der pH-

Wert auf Ackerstandorten über 6 liegen, bei Sandböden ist pH 5,5 anzustreben.

Fruchtfolgestellung

Die Erbse gilt aufgrund ihrer Anfälligkeit für fruchtfolgebedingte Pilzkrankheiten als selbst unverträglich und sollte frühestens nach einer Anbaupause von sechs Jahren auf der selben Fläche folgen. Die Brennflecken-Fußkrankheit (Ascochyta) mit kleinen Flecken auf den Hülsen, Blättern, Stengel und morschem Stengelgrund sowie die Fusariumwelke sind die als erstes auftretenden Fruchtfolgekrankheiten. Bei Befall ist eine Anbaupause von sieben bis neun Jahren einzuhalten. Die Anfälligkeit für Botrytis und Erbsenrost ist weniger fruchtfolge- als sortenabhängig.

Gute Vorfrüchte zu Erbsen hinterlassen ein unkrautarmes Land und eine gute Bodengare, wie Hackfrüchte und Raps. Die Erbse kann auch auf Getreidearten und andere Nichtleguminosen folgen, besonders wenn der Unkrautdruck begrenzt ist.

Die Erbse ihrerseits ist eine gute Vorfrucht, die eher früh zwischen Ende Juni bis August räumt und den Anbau von Zwischenfrüchten erlaubt. Der Stickstoffgehalt im Boden nach Erbsen ist zusammen mit den Ernterückstände und Wurzelmasse jedoch im Vergleich zu anderen Leguminosen, wie der Ackerbohne oder Kleegras, durch die geringere Sproß- und Wurzelmasse relativ klein. Die Stickstoffbilanz der Körnererbse ist unter Einbeziehung des aufgenommenen Bodenstickstoff nicht in jedem Fall eindeutig positiv. Durch eine Erntemenge von rund 35 dt werden rund 130 bis 140 kg N/ha exportiert. Der verbleibende Reststickstoffwert von rund 50 bis 100 kg N/ha in Form von schnell umsetzbaren Blatt- und Wurzelrückständen entspricht in keiner Größenordnung der aus dem Bodenvorrat im Jugendstadium entnom-

Abb. 1: *Futtererbsenanbau ist im Kommen*

menen Stickstoffmenge. Die N-Bilanz streut somit um den Nullpunkt.

Düngung

Bei Leguminosen ist für die Stickstoffsynthese eine ausreichende Phosphor- und Kaliumversorgung notwendig. Der Entzug bei 35 dt Erbsen/ha beträgt rund 30 kg P_2O_5, rund 45 kg K_2O und rund 10 kg MgO. Positiv auf den Ertrag wirkt sich die routinemäßige Erhaltungskalkung vor dem Erbsenanbau aus.

Sortenwahl

Für einen erfolgreichen Erbsenanbau ist die Wahl der geeigneten Sorte ein überaus wichtiges Element (siehe 02.11, Teil 2).

Erstes Unterscheidungsmerkmal der Erbsensorten ist der Wuchstyp. Rankentypen oder halbblattlose Sorten sind gekennzeichnet durch die Ausbildung zahlreicher Ranken und weniger Blätter; Vollblattsorten bilden dagegen stärker das erbsentypische Fiederblatt aus.

Weitere Kriterien für die Sortenwahl sind Reifezeit und die Pflanzenlänge. Bei der Sortenwahl ist weniger die Spitze der Ertragsleistung ausschlaggebend als Kriterien wie Standfestigkeit, gleichmäßige Abreife und Pflanzenlänge. Diese drei Kriterien bedingen die Beerntbarkeit des Bestandes und die Ernteverluste. Die Züchtungsfortschritte der letzten Jahre verbesserten durch Veränderung dieser Merkmale letztlich stärker die verlustarme Ernte als die Bildung von maximalen Erträgen.

Während in der Vergangenheit die kurzen, halbblattlosen Sorten unter konventionellen Bedingungen eine verbesserte Anbaueignung und höhere

Abb. 2: *Züchtungsfortschritte verbessern die Ertragssituation*

Erträge brachten, mußten ökologisch wirtschaftende Betriebe wegen fehlender Unkrautunterdrückung auf die weniger ertragreichen langstrohigen Blatt-Typen zurückgreifen.

Drei-Blattstadium

Eine optimale Pflanzenlänge und eine große Blattmasse verspricht die im ökologischen Landbau wichtige Unkrautunterdrückung. Andererseits birgt langes Stroh die Gefahr von starkem Lager und damit verzögerter oder ungleichmäßiger Reife. Kurze Halbblatt-Lose Sorten bilden dagegen eine mehr oder weniger stehende Strohmatte, welche die Aufnahme durch den Mähdrescher unterstützt. Weiteres Kriterium hinsichtlich geringer Ernteverluste ist die Höhe des Hülsenansatzes einer Sorte, wodurch bei Lagerbedingungen der Anteil tiefer, durch das Schneidwerk nicht erfaßbarer Hülsen bedingt ist.

Die sehr lange Vollblattsorte Bohatyr ist zum Beispiel stark lageranfällig, richtet sich aber am Pflanzenende wieder auf, so daß die Beerntbarkeit relativ gut ist. Weitere wichtige Sorteneigenschaften sind eine rasche Jugendentwicklung, um dem Unkrautdruck Konkurrenz zu bieten und eine frühe Blüte, damit die Kornausbildung, zu der ausreichend Wasser benötigt wird, nicht in den Hochsommer fällt. Eine große Pflanzenlänge von etwa 80 cm bis 1 m zur Zeit der Blüte, gepaart mit guter Standfestigkeit und guter Verrankung, sind grundsätzlich positiv für eine verlustarme Ernte. Die Frühreife einer Sorte mit schneller Jugendentwicklung mit früher, kurzer Blüte und früher gleichmäßiger Abreife sind generell positive Sortenmerkmale. Die Anfälligkeit für Pilz-Krankheiten ist im ökologischen Anbau selten ein ertragsbeeinflussendes Kriterium.

Der Blattlausbefall ist in Abhängigkeit von der Blütenform ebenfalls sortenabhängig. Blattläuse parasitieren an der Erbse die Blüte und beeinträchtigen den Hülsenansatz. Eine feste Knospe und eine schnelle Blühphase verringern die Blattlausgefährdung.

Ranken-Typen

Ranken-Typen, die große Pflanzenlänge mit Lagerstabilität und Frühreife verbinden, sind die Sorten Duell, Profi oder Swing. Voll-Blatt-Typ-Sorten wie Bohatyr und Grana sind wegen ihrer Strohmatte in der Unkrautunterdrükkung besonders auf dunklen Sandböden günstig zu beurteilen, wegen der Druschprobleme und dem niedrigeren Ertragsvermögen sind sie den Halbblatt-Typ-Sorten jedoch insgesamt unterlegen.

Aussaat

Das Temperaturminimum für die Keimung liegt bei 1 bis 2 °C, für das Wachstum nach dem Aufgang um 4°C. Da die Erbse leichte Fröste verträgt (-3 bis -5 °C) kann sie auch im gemäßigten Klima früh gesät werden. Die Erbse ist eine Langtagspflanze. Die Aussaat sollte so früh wie möglich erfolgen, damit die Pflanzen möglichst lange im Kurztag (März bis April) vegetativ wachsen, denn bei Einsetzen des Langtages (ab Mitte Mai) wird die Blüte ausgelöst. Bei Spätsaat verkürzt sich somit die Vegetationszeit und die Erbse reagiert mit Entwicklungsverzögerungen und geringerem Ertrag.

Die Saatzeit sollte zwar früh sein, auf jeden Fall ist aber gutes Abtrocknen des Bodens abzuwarten. Erbsen reagieren sehr empfindlich auf Bodenverdichtungen und Schlepperspuren, wie sie bei zu nasser Bodenbearbeitung auftreten.

Mit Rücksicht auf den hohen Keimwasserbedarf und hypogäische Keimung (Keimblätter bleiben unter der Erdoberfläche) ist eine Saattiefe von wenigstens sechs Zentimeter erforderlich. Hierdurch erhöht sich die Standfestigkeit, sowie die Toleranz gegenüber dem Striegeln und der Vogelfraß wird erschwert.

Durch das Anwalzen nach der Saat werden diese Effekte verbessert und auf steinigem Boden kann so ein störungsfreier Drusch gewährleistet werden. Das Walzen mit einer Ackerwalze ist auch nach dem Auflaufen noch möglich. Das Abbrechen des Keimlings durch Vogelfraß nach dem Auflaufen beeinträchtigt häufig den Erbsenanbau in Gegenden mit hohem Besatz an Tauben und Krähen.

Abb. 3: *Das teure Saatgut erzwingt sparsame Saat, Fehlstellen im Bestand sollten aber vermieden werden*

Vergällungsmittel, die für den ökologischen Landbau zugelassen sind, brachten bisher noch keine zufriedenstellenden Ergebnisse, so daß mit Scheuchen und Knallapparaten oder Ablenkungsfütterung versucht werden muß, dem Vogelfraß entgegen zu wirken.

Die Saatstärke liegt zwischen 60 und 80 Körnern/m". Aufgrund der sehr unterschiedlichen Tausend-Korngewichte verschiedener Erbsensorten und Erbsenpartien muß zu jeder Aussaat die Saatgutmenge neu berechnet werden. Aus betriebswirtschaftlicher Sicht ist unter guten Bedingungen eine dünne Aussaat am unteren Limit aufgrund der teuren Saatgutkosten im ökologischen Landbau und des hohen Saatgutgewichtes bei großkörnigen Leguminosen zu befürworten. Allerdings sollte eine Mindestpflanzenzahl von 50 bis 60 pro m" nicht unterschritten werden, da das Risiko von Fehlstellen im Bestand steigt. Dies fördert wiederum die Verunkrautung und erschwert die Ernte. Bei gleichmäßiger Verteilung ergeben sich erst bei Beständen von weniger als fünfzig Pflanzen/m" deutliche Ertragseinbußen.

Eine Erhöhung der Saatdichte ist bei Gefahr von Vogelfraß und starkem Unkrautdruck ratsam.

Pflege

Der Erfolg des ökologischen Erbsenanbaues wird stark von dem am Standort herrschenden Unkrautdruck geprägt. Die Unkrautkonkurrenz beeinträchtigt nicht nur den Ertrag, sondern verursacht besonders Ernteprobleme. Durch Striegeln und je nach Reihenabstand auch durch die Hackmaschine muß das Erbsenfeld bis zum Rankenschluß möglichst unkrautfrei gehalten werden. Nach der Verzahnung der Ranken sind die Pflanzenverluste beim Striegeln in der Regel zu hoch. Wenn die Bodenbedingungen es zulassen, sollten mehrere Unkrautbekämpfungsgänge vorgenommen werden:

- Blindstriegeln
- Hacke bei fünf Zentimeter Wuchshöhe (nur bei doppeltem Reihenabstand)
- Striegeln ab dem Drei-Blatt-Stadium bis zur Rankenbildung
- Hacken bis zum Bestandesschluß, bei entsprechender Reihenweite bis etwa zum Beginn der Blüte, beim letzten Gang mit einem leichten Häufeleffekt.

Schädlinge

Im frühen Jugendstadium kann der Blattrandkäfer ertragswirksamen Schaden anrichten.

Die grüne Erbsenblattlaus verursacht ab Beginn der Blüte Saugschäden besonders in den Blüten. Dort ist sie für eventuelle Pflanzenschutzmaßnahmen, zum Beispiel eine Schmierseifenspritzung, nicht erreichbar. In Phasen von zusätzlichen Trockenheitsstreß kann der Blattlausbefall durch Saugschäden und dem dabei eventuell übertragenen Virusbesatz massive Ertragseinbußen verursachen. In Trockenheits- und Streßsituationen können Blattlaus-Schäden insgesamt gravierend werden.

Die Möglichkeit einer Beregnungsgabe von 20 bis 30 mm ist besonders auf leichten Standorten hilfreich, um dem Bestand eine zügige Weiterentwicklung zu ermöglichen. Andere tierische Schädlinge (Erbsenwickler, Erbsenkäfer, Blattrandkäfer, Gallmücke) treten im allgemeinen selten auf.

Ernte

Die Reife und der Erntezeitpunkt sind je nach Sorte und Klima zwischen Mitte Juli und Mitte August erreicht. Zur Zeit der Reife ist der Bestand je nach Sorte und Wuchstyp in sich zusammen gesackt oder im Lager. Moderne, standfeste Halb-Blattlose-Sorten mit geringer Lagerneigung bilden im günstigen Fall zur Ernte eine etwa 30 bis 60 cm hohe Strohmatte. Der Mähdrusch aus dem Stand ist unter solchen Bedingungen mit geringen Verlusten möglich. Zur Verminderung von Bruchkorn und Kornverletzungen ist die Trommeldrehzahl auf 600 bis 800 U/min. zu verringern und der Dreschkorb weit zu öffnen. Die geringsten Kornverletzungen und auch geringes Verschmieren des Dreschers werden bei einer Kornfeuchte von 18 bis 20 Prozent errreicht. Die Lagerung für längere Dauer ist bei höchstens 14 Prozent Feuchtigkeitsgehalt möglich. Ein Nachtrocknen ist häufig nötig.

Trotz guter Züchtungsfortschritte in den letzten Jahren schwankt das Ertragsniveau der Erbsen auch aufgrund der potentiellen Ernteverluste stärker als bei Getreide. Es liegt in der Regel zwischen 25 bis 40 dt/ha.

Der Anbau von Körnererbsen ist trotz einiger ackerbaulicher Schwierigkeiten aufgrund der Züchtungsfortschritte sowie der vergleichbar guten Nachfrage auf dem Futtermarkt und der Beihilfesituation gerade im ökologischen Landbau sehr interessant.

Obstbau
Teil 5: Pflegeplan für den Kirschenanbau

Monilia Blüten- und Fruchtfäule, Bitterfäule, Schrotschuß

LUCIUS TAMM

Monilia Blüten- und Fruchtfäule
(Monilia laxa)

Wie erkennen

- Fortschreitende Verbräunung der Blütenstiele von der Blüte her astwärts; bei starkem Blütenbefall kann es zum Befall von Fruchtholz kommen; Bukettriebe sterben ab (Mai-Juni) wobei häufig dürre Blütenresten am Fruchtspieß hängen bleiben
- Faulen der reifen Früchte mit Bildung von typischen grauen (Monilia laxa) oder ockerfarbenen Sporenpusteln (Monilia fructigena)

Wichtig zu wissen

- Monilia überwintert auf befallenem Gewebe (Fruchtmumien, Blütenresten, dürre Fruchtriebe). Fruchtmumien, die im Baum hängenbleiben, sind die wichtigsten Infektionsquellen im folgenden Frühjahr
- Reife und verletzte Früchte (Fraßschäden, Risse durch Regen) sind besonders anfällig
- Bleibt bei Blühbeginn weniger als durchschnittlich eine Fruchtmumie pro Baum, treten bei Süßkirschen keine Ertragsverluste durch Blütenbefall und Fruchtholzbefall auf. Für Sauerkirschen gilt diese Toleranzgrenze nicht, sie sind erheblich anfälliger.

Wie vorbeugen

- Beim Winterschnitt alle Fruchtmumien und dürren Äste konsequent entfernen
- Bei der Ernte alle faulen Früchte auf den Boden fallen lassen
- Alle Maßnahmen, die eine gute Durchlüftung des Baumes fördern (Schnitt, Standort, Pflanzabstände und andere), hemmen die Ausbreitung der Epidemie

Wie bekämpfen

- Mit konsequent durchgeführten Hygienemaßnahmen kann die Blütenmonilia gut bekämpft und die Ausbreitung der Fruchtmonilia entscheidend verzögert werden
- Der Erfolg bei der direkten Bekämpfung der Blütenmonilia mit

Abb. 1: *Monilia-Blütenfäule*

Abb. 2: *Monilia-Fruchtfäule*

biologischen Pflanzenschutzmitteln ist unsicher, da die richtigen Bekämpfungszeitpunkte (aufgehende und volle Blüte) oftmals witterungsbedingt nicht eingehalten werden können

- Falls die Hygienemaßnahmen (Entfernung des infektiösen Materials; Toleranzgrenze für Süßkirschen: höchstens eine Fruchtmumie pro Baum) ungenügend durchgeführt werden konnten, kann bei aufgehender (Stadium E-F/ vergleiche Teil 3) und voller Blüte (Stadium F) je eine Behandlung mit geeigneten Mitteln durchgeführt werden. Der Behandlungserfolg muß im Stadium H-I (abgehende Blüte) kontrolliert werden

....

Bitterfäule

(Glomerella cingulata)

Wie erkennen

- Braun-schwarze, eingesunkene Flecken auf reifen Früchten. Bei anhaltender Feuchtigkeit Bildung von rötlich-braunem Sporenschleim
- Befallene Zweige zeigen häufig verminderten Blütenansatz und Wüchsigkeit

Wichtig zu wissen

- Bitterfäule überwintert in Fruchtmumien, Knospenschuppen und dürren Zweigen
- Erste faule Früchte können oft nestartig an Einzelbäumen beobachtet werden. Bei feuchter Witterung kann sich eine Epidemie rasch ausbreiten und große Verluste verursachen
- Auch in Anlagen mit konsequent durchgeführten Hygienemaßnahmen gegen die Monilia kann Bitterfäule stark auftreten. Die Gründe hierfür sind vorläufig unklar, da die Biologie der Bitterfäule noch ungenügend abgeklärt ist

Wie vorbeugen

- Beim Winterschnitt alle Fruchtmumien und dürren Äste konsequent entfernen
- Bei der Ernte alle faulen Früchte auf den Boden fallen lassen
- Alle Maßnahmen, die eine gute Durchlüftung des Baumes fördern (Schnitt, Standort, Pflanzabstände und andere), hemmen die Ausbreitung der Epidemie
- Chronisch kranke Bäume entfernen

Abb. 3: *Bitterfäule*

Wie bekämpfen

- Erste Versuche mit einer direkten Bekämpfung der Bitterfäule mit biologischen Pflanzenschutzmitteln lassen keine schlüssige Empfehlung zu. Bei der Bekämpfung scheint allerdings der Zeitpunkt der ersten Behandlung ausschlaggebend zu sein. Versuche zur Abklärung der optimalen Behandlungstermine sind im Gange
- Von der Anwendung von Kupferpräparaten nach der Blüte wird dringend abgeraten, da diese schwere Blattschädigungen verursachen können

Schrotschuß

(Clasterosporium carpophilum)

Wie erkennen

- Scharfbegrenzte Flecken an Blättern (etwa drei Millimeter Durchmesser), die im späteren Verlauf herausfallen und so das typische Bild von »Schrotlöchern« im Blatt hinterläßt

Wichtig zu wissen

- Überwinterung in Fruchtmumien und in befallenen Zweigen mit Gummifluß
- Schrotschuß führt bei massivem Befall zu frühzeitigem Blattfall
- Bäume, die immer wieder befallen werden, sterben allmählich ab

Abb. 4: *Symptome bei Schrotschuß*

Wie vorbeugen

- Beim Winterschnitt alle Fruchtmumien und dürren Äste konsequent entfernen
- Bei der Ernte alle faulen Früchte auf den Boden fallen lassen
- Alle Maßnahmen, die eine gute Durchlüftung des Baumes fördern (Schnitt, Standort, Pflanzabstände und andere), hemmen die Ausbreitung der Krankheit

Wie bekämpfen

- Bei hohem Vorjahresbefall ist eine direkte Bekämpfung angezeigt. Die Bekämpfung muß als Austriebsspritzung (Stadium C-D/vergleiche Teil 3) mit einem Kupferpräparat (0,2%) oder Tonerdepräparat (Myco-San 1%) erfolgen. In Problemanlagen können weitere ergänzende Behandlungen vor der Blüte (Stadium D-E) mit Tonerdepräparaten (Myco-San 1%) oder Kupfer (0,05%) und Netzschwefel (0,6%) und im Schorniggelstadium (Stadium J) mit Netzschwefel (0,5%) durchgeführt werden.

Anbau im Gewächshaus
Teil 21: Paprika als Hauptkultur

Sorten, Jungpflanzenanzucht, Pflanzung, Nährstoffbedarf und Düngung, Kulturführung, Fruchtwechsel, Pilzkrankheiten, tierische Schädlinge, Ernte, Vermarktung und Verwendung, Kurzzeitlagerung, Nährwert, Literatur

Ulrike Lindner

Allgemeines

Botanischer Name:
Capsicum annuum L
Pflanzenfamilie: Solanaceae
(Nachtschattengewächse)

Herkunft: Mittelamerika. Bereits von den Ureinwohnern Mexikos und Perus wurde der scharfe Paprika als Gewürzpflanze geschätzt. Mit der Entdeckung Amerikas durch Kolumbus gelangte er nach Europa und war willkommener Ersatz für den teuren und raren Pfeffer aus Fernost. So erhielt er den Namen Pfefferschoten und Spanischer Pfeffer. Schon damals wurde Paprika in Spanien und auch Italien erwerbsmäßig kultiviert. Seit Mitte des 15. Jahrhunderts wurde die Pflanze in Deutschland angebaut, anfangs als Zierpflanze im Topf. Erst ab dem 17.Jahrhundert ging man zur Gewürz-, ab dem 19. Jahrhundert zur Gemüsenutzung über.

Sorten

Bei Paprika wird unterschieden zwischen dem mild schmeckenden Gemüsepaprika und dem scharf schmeckenden Gewürzpaprika. Angebaut wird hierzulande meist nur der *Gemüsepaprika.* Es gibt ihn in den verschiedensten Formen und Farben. Die Formen variieren von blockig in den unterschiedlichsten Größen über länglich und spitz bis zum gerippten Tomatenpaprika. Bei den Farben verhält es sich wie bei den verwandten Tomaten: im unreifen Zustand ist der Paprika grün und verfärbt sich dann mit zunehmender Reife je nach Sorte hell- oder dunkelrot, kräftig orange, gelb oder weißlich. Zudem gibt es Sorten, die im unreifen Zustand bräunlich oder violett (auberginfarben) sind, wobei dieser Farbstoff beim Kochen zerstört wird und die Früchte sich grün färben. Im Reifzustand werden auch diese Sorten rot. Für den Gewächshausanbau hat sich langjährig die grüne, rot abreifende Sorte »Bendigo«, (Herkunft Enza) bewährt. Weitere empfehlenswerte Sorten (mit blockiger Fruchtform finden sich in Tabelle 1):

Beim *Gewürzpaprika* ist die Schärfe durch den Gehalt an Capsaicin bedingt. Besonders scharf sind die kleinfrüchtigen Arten wie Kirsch-, Trauben- und Spitzpaprika oder die länglichen Peperoni. Zur Herstellung des trockenen Gewürzes Paprika werden die reifen Früchte geerntet, getrocknet und vermahlen. Der mildeste Gewürzpaprika wird als Delikateßpaprika und der schärfste als Rosenpaprika bezeichnet. Die aus tropischen Regionen kommenden Früchte von Capsicum frutescens und Capsicum fastigatum werden als Chillies oder Cayenne-Pfeffer (ist aber nicht verwandt mit dem echten Pfeffer !) bezeichnet und unter diesem Namen als Gewürz sowie als Zusatz für Currypulver oder Tabasco-Soße benutzt. Die unreifen, grünen Früchte dieser Art werden als Peperoni bezeichnet. Die meisten Sorten dieser Paprika-Art haben ein höheres Temperaturbedürfnis; deswegen ist ein Anbau nur im gut geheizten Gewächshaus empfehlenswert. Insgesamt ist der Kilogramm-Ertrag gegenüber den blockigen Typen des Gemüsepaprikas deutlich geringer.

Tabelle 1: Sortenauswahl

Sorte	Herkunft	Fruchtfarbe unreif	Fruchtfarbe reif
»Delphin«	Enza Zaden, Haling 1 e, NL-1602 DB Enkhuizen	dunkelgrün	rot
»Valeta«	R. Zwaan, Werler Str. 1, 59514 Welver	dunkelgrün	rot
»Spartacus« (sehr groß)	de Ruiter Seeds, P.o.Box 4, NL-2665 ZG Bleiswijk	grün	rot
»Ariane'	Enza Zaden, Haling 1 e, NL-1602 DB Enkhuizen	mittelgrün	orange
»Eagle«	Enza Zaden, Haling 1 e, NL-1602 DB Enkhuizen	dunkelgrün	orange
»Luteus«	Enza Zaden, Haling 1 e, NL-1602 DB Enkhuizen	hellgrün	gelb
»Goldflame«	de Ruiter Seeds, P.o.Box 4, NL-2665 ZG Bleiswijk	grün	gelb
»Leila«	Firma S&G Samen, Alte Reeser Str. 95, 47533 Kleve	violett	rotviolett

Anbauhinweise

Jungpflanzenanzucht

Durch eine Zusatzbelichtung mit 100 bis 200 W/m" (Belichtungsdauer nicht über 16 Stunden täglich) werden kräftigere Jungpflanzen erzielt und damit eine höhere und frühere Ernte.

Paprika haben eine langsame Jugendentwicklung.

Tabelle 2: Hinweise zu Saatgut und Aussaat

Tausendkorngewicht g	Anzahl Körner pro g	Anzahl guter, pikierfähiger Pflanzen von 1 g Saatgut	Keimtemperatur °C	Keimdauer in Tagen
6 bis 8	120 bis 170	60 bis 70	22 bis 24	14 bis 21 (nie unter 18)

Tabelle 3: Hinweise zur Jungpflanzenanzucht

Anzuchttemperatur für Jungpflanzen in °C		Anzuchtgefäß	Anzuchtdauer in Wochen
Tag	Nacht		
16 bis 20 lüften ab 25-28	16	8er Preßtopf oder 8er bis 12er Topf	10 bis 12

Pflanzung

Die optimale Pflanzgröße ist erreicht, wenn die ersten Blütenknospen sichtbar werden. Überständige Pflanzen erkennt man an dem Braunwerden der sonst weißen Wurzelspitzen. Überständige Pflanzen reagieren mit verzögertem Anwachsen, Abstoßen der Blüten und späterem Erntebeginn.

Paprika wird bei einer Kulturzeit über Sommer am besten in Beeten gepflanzt und diese Beete mit den buschförmig wachsenden Pflanzen mit Chrysanthemennetz überspannt. Dabei beträgt die Sollpflanzenzahl je m" 2,5 bis 4. Bei einer Intensivkultur mit Einzeltrieberziehung (siehe unter Kulturführung) kann in Beeten oder Einzelreihen in gleichem Abstand gepflanzt werden. Bei Einzeltrieberziehung stehen 2,5 bis 3 Pflanzen je m" mit sechs bis acht Trieben je m".

Als sehr positiv hat sich ein Mulchen der Pflanzreihen mit schwarzer Mulchfolie und der Wege mit Stroh gezeigt.

Tabelle 4: Pflanzabstände in cm				
Abstand im Beet	**Weg**	**Abstand in der Reihe**	**Anzahl Reihen im Venloblock (6,4 m breit)**	**Anzahl Pflanzen je m²**
50	100	50	3 Beete 2 einzelne Außenreihen	2,7
40	100	50	3 Beete 2 einzelne Außenreihen	2,9
40	110	45	3 Beete 2 einzelne Außenreihen	3,0
60	80	50	8 Einzelreihen	2,9

Abb. 1: *Die erste Paprikablüe, die Königstblüte, muß entfernt werden, da die sich entwickelnden Früchte sonst die Astgabel sprengen.*

Abb. 2: *Bei einer Normalkultur über Sommer werden die buschförmig wachsenden Paprikapflanzen durch ein Chrysanthemennetz gestützt.*

Paprika stellt hohe Bodenansprüche. Deshalb sollte der Boden vorher tief gelockert und organische Substanz zur Bodenverbesserung und Düngung eingearbeitet werden.

Tabelle 5: Nährstoffbedarf in kg/ha für die Erzeugung von je 100 dt/ha (= je 1 kg/m²) Marktertrag

N	P_2O_5	K_2O	MgO
60	15	80	5

zu erwartender Ertrag im Bioanbau: 4 bis 6 kg/m²

Abb. 3: *Paprika wird am besten im Beet auf Mulchfolie gepflanzt. Die Wege werden zum Bodenschutz mit Stroh gemulcht*

Nährstoffbedarf und Düngung

Zusätzlich zu einer Gabe von (Mist-) Kompost, mit der der Phosphor- und Kalibedarf gedeckt wird, sollte mit organischen N-Handelsdüngern (Horndünger oder Rizinus-/Rapsschrot) nach vorheriger N_{min}-Probe auf 200 kg N/ha aufgedüngt werden. Dabei sollte die erforderliche Düngermenge in langsam und schnell verfügbaren Dünger aufgeteilt werden. Bei der Düngerausbringung müssen die Wege ausgespart werden.

optimaler pH-Wert: 6,5 bis 7,0; da auch bei Paprika Blütenendfäule auftreten kann, muß auf einen optimalen pH-Wert, oder eine ausreichende Kalkversorgung geachtet werden. Bei der *Blütenendfäule* handelt es sich um eine nicht parasitäre Krankheit, die in der Regel durch Calciummangel, oder einem Mißverhältnis von Calcium zu den anderen Nährstoffen entsteht. Der Calciummangel kann auch durch Schwankungen im Wasserhaushalt und dadurch entstehenden Salzstreß auftreten, da dann die anderen Nährstoffe im Überschuß vorhanden sind und sich dadurch die Calciumaufnahme verschlechtert. Als erstes Anzeichen für diese Krankheit ist ein wäßriger Fleck an der ehemaligen Blütenansatzstelle an der Frucht zu erkennen. Später vergrößert sich dieser Fleck und wird braun bis schwarz und verhärtet sich.

Kulturführung

Der Wärmebedarf ist höher als bei Tomaten. Es kann auch im kalten Haus kultiviert werden, wobei der Ertrag allerdings deutlich geringer als bei geheizter Kultur ist. Bei einem ungeheizten Anbau ist die Vermarktung von reifgeernteten Früchten unrentabel, da die Früchte zu langsam ausreifen und der Gesamtertrag daher zu stark abfällt.

Die Bodentemperatur muß schon zur Pflanzung über 15 °C liegen. Für fortlaufendes Wachstum sind Lufttemperaturen über 14 °C notwendig. Bei Temperaturen über 30 °C können durch schlechte Befruchtung Knospen, Blüten und junge Früchte abgestoßen werden. Ansonsten ist die Kultur aber in Verbindung mit einem hohen Lichtangebot sehr wärmeverträglich. Der Boden sollte bei den wärmebedürftigen Paprikapflanzen in den Pflanzreihen mit schwarzer Folie gemulcht werden, speziell bei nicht geheizter Kultur. Durch die Bodenbedeckung wird neben der Förderung des Pflanzenwachstums eine Einschränkung der Wasserverdunstung des Bodens erreicht. Dies ist für Paprika wichtig, da die Pflanzen aufgrund ihrer geringen Wurzelmasse hohe Anforderungen an die Wasserversorgung stellen. Dabei wird bis zum Anwachsen noch von oben gewässert, danach nur über Tropfschläuche (ein Schlauch je Reihe). Nach der Pflanzung ist der Wasserbedarf noch gering; mit beginnender Fruchtentwicklung wird er höher.

Tabelle 6: optimale Lufttemperaturen nach der Pflanzung in °C für Paprika im Gewächshaus

Tag	Nacht
16 bis 20 lüften ab 25-28	14 bis 18

Bei Paprika wird unterschieden zwischen einer mehr arbeitsextensiven Kultur über Sommer (Ende April bis September/Oktober) und einer längeren, geheizten Intensivkultur. Insgesamt hat Paprika gegenüber den klassischen Hauptkulturen Gurken und Tomaten etwa dreißig bis fünfzig Prozent geringeren Arbeitszeitbedarf, bedingt durch weniger Pflegearbeiten. Zudem sind Pflege- und auch Erntearbeiten zeitlich nicht so termingebunden wie bei den anderen Kulturen.

Bei der *Intensivkultur* werden die Pflanzen ein- bis dreitriebig gezogen (je nach Kulturzeit werden die Einzeltriebe 2 m und höher). Bei der Einzeltrieberziehung werden die einzelnen Triebe (häufig zur besseren Belichtung an zwei Drähten in V-Form) angekordelt. Die nicht gewünschten Äste werden anfangs nach dem ersten Blatt mit Blüte gestutzt, später nach dem zweiten oder dritten Blatt mit Ansatz. Durch einen Schnitt, oder das Ausgeizen werden Wachstum und Fruchtgröße reguliert und die Widerstandskraft gegen Pilzkrankheiten erhöht. Insgesamt ist die Einzeltrieberziehung arbeitsaufwendig, erleichtert aber das Ernten, bringt höhere Erträge und qualitativ hochwertigere Früchte. Kurzkulturen läßt man meist in Buschform wachsen (Höhe etwa 1 m); sie werden nicht ausgegeizt. Lediglich die »Königsblüte« (Blüte in der ersten Triebgabelung) wird möglichst früh (zur Pflanzung) ausgebrochen. Die Büsche können mit einem Chrysanthemennetz gestützt werden.

Die zwittrigen Paprikablüten sind überwiegend selbstbefruchtend, jedoch tritt durch die große Blüte und die längere Befruchtungsfähigkeit als bei der Tomate häufig auch Fremdbefruchtung auf. Deshalb fördert der Einsatz von Hummeln die Befruchtung. (Hummeleinsatz siehe, siehe Teil 19)

Fruchtwechsel
Vierjährig zu sich selbst und zu anderen Solanaceen (Tomaten, Auberginen).

Krankheiten und Schädlinge

Insgesamt ist Paprika robust; es können aber die gleichen Krankheiten wie bei Tomaten auftreten.

Pilzkrankheiten

Den wichtigsten bodenbürtigen Pilzkrankheiten, Fusarium, Verticillium und Sclerotinia, kann man durch ausreichenden Fruchtwechsel vorbeugen. Bei zu dichtem Bestand und Bewässerung von oben kann es schnell zu Botrytis an den Früchten kommen. Diesen und anderen Pilzkrankheiten ist durch entsprechende Klimaführung, ausreichendes Lüften und Bewässerung von unten vorzubeugen.

Tierische Schädlinge

Paprikakulturen werden häufig stark von Blattläusen befallen. Es muß von Anfang an auf Schädlinge geachtet werden, und der Nützlingseinsatz muß sehr rechtzeitig erfolgen. Dabei ist die Auswahl der einzusetzenden Nützlinge von der genauen Bestimmung des Schädlings und den Kulturbedingungen abhängig. Am besten wird das Nützlingsprogramm mit dem Berater abgesprochen. Ist der anfängliche Blattlausbefall sehr stark, so daß die Nützlinge ihn kurzfristig nicht dezimieren können, empfiehlt sich eine Spritzung mit dem nützlingsschonenden Präparat *Neudosan.* Bei einem für Nutzinsekten ansprechendem Umfeld wandern Nützlinge aus dem Freiland zu, und der Läusebefall reduziert sich durch Parasitierung und Auffressen nach einiger Zeit von selbst. Auch andere Schädlinge können auftreten, die meist aber auch durch rechtzeitigen Einsatz von Nutzinsekten und entsprechender Kulturführung in den Griff zu bekommen sind. Probleme durch Fraß an den Früchten können die ab Hochsommer auftretenden Raupen von Gemüseeulen bereiten.

Ernte

Erntebeginn ist etwa zehn bis zwölf Wochen nach Pflanzung. Bei ausreichenden Temperaturen sind die Früchte etwa zwanzig Tage nach Blühbeginn grünreif (Marktreife) und nach etwa vierzig Tagen vollreif. Im Stadium der Marktreife sind die Früchte physiologisch noch unreif. Ein Kriterium für die Marktreife ist der Glanz und die sortentypische Größe der Früchte. Die Früchte der unteren drei oder vier Etagen (die ersten fünf bis sechs Ernten) sollten auf jeden Fall im nur marktreifen (grün oder andersfarbig) Zustand geerntet werden. Ansonsten hängen zeitgleich zu viele Früchte an der Pflanze, die ernährt werden müssen, und die Pflanze hat für weitere Blüten keine Kraft mehr. So werden viele Blüten abgestoßen und das weitere Pflanzenwachstum gebremst.

Je nach Sorte dauert es unterschiedlich lange, bis die Früchte zur Vollreife gelangen und dabei ihren sortentypischen roten, gelben oder orangen Farbstoff voll ausgebildet haben. Da die Pflanze zeitgleich nur eine gewisse Anzahl an Früchten ernähren kann, geht durch das lange Hängen- und Ausreifen lassen der Pflanze Kraft für neue Blüten und Fruchtansatz verloren. Deshalb fällt der Ertrag, wenn man nur vollreife Früchte erntet, deutlich geringer aus (30 bis 40 Prozent). Dieser geringere Ertrag muß durch höhere Preise für die vollreife Ware aufgefangen werden.

Die vollreifen Früchte werden geerntet, wenn etwa drei Viertel der Fruchtoberfläche entsprechend gefärbt ist. Bis zum Verkauf färben sie sich dann völlig aus. Sie dürfen auf keinen Fall zu lange an der Pflanze bleiben, da sie dann auch überreif werden, damit Wasser und Gewicht verlieren und auf der Verkaufstheke schnell welk (schlapp) werden.

Botanisch sind Paprikafrüchte keine Schoten, sondern Beeren. Zur Ernte werden die Früchte vorsichtig abgebrochen (Achtung: auch die Äste brechen leicht!) und mit der Gartenschere nachgeschnitten. Eine Ernte wöchentlich ist ausreichend; zum Herbst hin können die Ernteintervalle auch noch größer werden.

Ertrag: im konventionellen Anbau rechnet man mit fünf bis acht kg/m" an grün geernteten Früchten; bei der Ernte von rotreifen Früchten fällt der Ertrag 30 bis 40 Prozent geringer aus. Bei einer Einzeltrieberziehung und einer Kulturzeit von Februar bis November kann mit 10 bis 15 kg/m" gerechnet werden.

Vermarktung und Verwendung

Der Verbraucher verlangt neben roten und grünen Früchten auch Sonderfarben. Dabei sind die wachsfarbenen Typen bekömmlicher, da sie eine dünnere Schale haben. Oft halten sie sich dadurch aber nicht so lange.

Die Vermarktung von Paprika erfolgt meist zu drei Kilogramm in »Tomatenkisten«.

Kurzzeitlagerung

Bei 8 bis 10 °C und 85 bis 90 Prozent relativer Luftfeuchte für maximal eine Woche, bei tieferen Temperaturen verderben die Früchte schnell.

Nährwert

Kein anderes Gemüse enthält soviel Vitamin C wie Paprika! Während die unreifen grünen Früchte 60 bis 150 mg je 100 g Frischsubstanz haben, enthalten die reifen Früchte doppelt so viel. Damit übertrifft Paprika auch jede Obstart (Zitronen enthalten etwa 34 mg Vitamin C je 100 g Frischsubstanz). Die reifen Früchte schmecken milder und süßer als die unreifen. Solanin ist in grünreifen Früchten in Spuren, in roten Früchten nicht vorhanden.

Verwendung

Gemüsepaprika ist weitgehend mild, auch die Kerne, so daß das Entfernen des Fruchtinneren aus Gründen der unerwünschten Schärfe nicht durchgeführt werden muß. Die Früchte können roh

Abb. 4: *Paprikafrüchte gibt es in verschiedenen Formen und Farben*

als Salat oder in gegarter Form verwendet werden. Dabei sollte Paprika nicht zu lange geschmort werden, da sonst der Geschmack und insbesondere das Vitamin C verloren geht.

Literatur

WEDLER, A., 1995: *Nachtschattengewächse und ihre Schattenseiten. Der Fachberater, Februar 1995.*

KRESS, O, 1992.: *Befruchtung von Tomaten durch Hummeln. Deutscher Gartenbau 3/1992.*

KRUG, H., 1991: *Gemüseproduktion. Verlag Paul Parey Berlin und Hamburg.*

FRITZ, D. und W. STOLZ, 1989: *Gemüsebau. Verlag Eugen Ulmer Stuttgart.*

LIEBSTER, G., 1990: *Warenkunde Obst & Gemüse; Band 2 Gemüse. Morion Verlagsproduktion Düsseldorf.*

STAATLICHE LEHR- UND FORSCHUNGSANSTALT FÜR LANDWIRTSCHAFT, WEINBAU UND GARTENBAU NEUSTADT/WEINSTR.: *Anbau- und Sortenhinweise für den Gemüseanbau 1995/96. Neustadter Hefte, Heft 5.*

CRÜGER, G., 1991: *Pflanzenschutz im Gemüsebau. Handbuch des Erwerbsgärtners. Eugen Ulmer Verlag Stuttgart.*

SCHWARZ, A. et. al., 1990: *Pflanzenschutz im integrierten Gemüsebau. Landwirtschaftliche Lehrmittelzentrale Zollikofen/CH.*

Anbau im Gewächshaus
Teil 23: Auberginen als Hauptkultur

Sorten, Jungpflanzenanzucht, Pflanzung, Nährstoffbedarf und Düngung, Kulturführung, Fruchtwechsel, Pilzkrankheiten, tierische Schädlinge, Ernte, Vermarktung und Verwendung, Kurzzeitlagerung, Nährwert, Literatur

Ulrike Lindner

Allgemeines

Botanischer Name:
Solanum melogena L
Pflanzenfamilie: Solanaceae
(Nachtschattengewächse)

Herkunft: tropisches Hinterindien.
Im Mittelalter gelangte die Frucht nach Europa. Angebaut wird sie heute nahezu in allen tropischen, subtropischen und auch gemäßigten Klimazonen. Die Hälfte der fünf Millionen Tonnen Weltproduktion wird in Südostasien produziert.

Sorten

Die Stammform der »Eierfrucht«, die auch heute noch kultiviert wird, trägt einem Hühnerei ähnliche weiße oder gelbe Früchte. Während hierzulande nur ovale dunkelviolette Früchte gehandelt werden, werden in anderen Länder Sorten mit weißen und gelben Früchten, aber auch solche mit länglichen oder auch fleischtomatenähnlichen grünen oder roten Früchten angebaut.

Anbauhinweise

Jungpflanzenanzucht

Aussaat

Zum schnelleren Keimen kann man die Samen vor der Aussaat in lauwarmem Wasser für einige Stunden vorquellen lassen.

Auberginen haben eine langsame Jugendentwicklung.

Pflanzung

Als sehr positiv hat sich ein Mulchen der Pflanzreihen mit schwarzer Mulchfolie und der Wege mit Stroh gezeigt.

Nährstoffbedarf und Düngung

Zusätzlich zu einer Gabe von (Mist-) Kompost, mit der der Phosphor- und Kalibedarf gedeckt wird, sollte mit orga-

Tabelle 1: Sortenauswahl

Sorte	Herkunft	Fruchtform	Fruchtfarbe
'Galine'	Clause GmbH, Heiligenbergstr. 97, 70469 Stuttgart	rund, oval	schwarzviolett glänzend
'Adona'	R. Zwaan, Werler Str. 1, 59514 Welver	gestreckt birnenförmig	schwarzviolett glänzend
'Solara'	Royal Sluis, Lindenallee 33, 31535 Neustadt/Rbge.	gestreckt birnenförmig	schwarzviolett glänzend
'Madonna'	de Ruiter Seeds, gestreckt P.o.Box 4, NL-2665 ZG Bleiswijk	schwarzviolett gestreckt	schwarzviolett

Abb. 1: *In Deutschland werden überwiegend nur die länglichen bis ovalen Auberginen-Sorten vermarktet.*

Tabelle 2: Hinweise zu Saatgut und Aussaat

Tausendkorn-gewicht g	Anzahl Körner pro g	Anzahl guter, pikierfähiger Pflanzen von 1 g Saatgut	Keimtemperatur °C	Keimdauer in Tagen
5,5	200 bis 250	130	20 bis 25	14-21

Tabelle 3: Hinweise zur Jungpflanzenanzucht

Anzuchttemperatur für Jungpflanzen in °C Tag	Nacht	Anzuchtgefäß	Anzuchtdauer in Wochen
18 bis 24 lüften ab 25-28	16 bis 18	8er bis 12er Topf	8 bis 12

Tabelle 4: Pflanzabstände in cm

Reihenabstand	in der Reihe	Anzahl Reihen im Venloblock (6,4 m breit)	Anzahl Pflanzen je m˝
100	60	6	1,7
100	50	6	2
80	60	8	2,1
80	40	8	3,1 nur bei eintriebiger Kultur !

Tabelle 5: Nährstoffbedarf in kg/ha für die Erzeugung von je 100 dt/ha (= je 1 kg/m˝) Marktertrag

N	P_2O_5	K_2O	MgO
50	15	70	10

zu erwartender Ertrag im Bioanbau: 3-5 kg/m˝

nischen N-Handelsdüngern (Horndünger oder Rizinus-/Rapsschrot) nach vorheriger N_{min}-Probe auf 150 kg N/ha aufgedüngt werden. Dabei sollte die erforderliche Düngermenge in schnell und langsam verfügbaren Dünger aufgeteilt werden. Bei der Düngerausbringung müssen die Laufwege ausgespart werden.

optimaler pH-Wert: 6,5 bis 7,0; da auch bei Auberginen »Blütenendfäule« auftreten kann, muß auf einen optimalen pH-Wert, oder eine ausreichende Kalkversorgung (und eine ausreichende, gleichmäßige Feuchtigkeit) geachtet werden. Bei der *Blütenendfäule* handelt es sich um eine nicht parasitäre Krankheit, die in der Regel durch Calciummangel oder einem Mißverhältnis von Calcium zu den anderen Nährstoffen entsteht. Der Calciummangel kann auch durch Schwankungen im Wasserhaushalt und dadurch entstehenden Salzstreß auftreten, da dann die anderen Nährstoffe im Überschuß vorhanden sind und sich dadurch die Calciumaufnahme verschlechtert. Als erstes Anzeichen für diese Krankheit ist ein wäßriger Fleck an der ehemaligen Blütenansatzselle an der

Frucht zu erkennen. Später vergrößert sich dieser Fleck und wird braun bis schwarz und verhärtet sich.

Kulturführung

Die Bodentemperatur muß schon zur Pflanzung bei 20 °C liegen. In warmen Jahren ist ein Kalthausanbau (Pflanzung nicht vor Mitte Mai) möglich, ansonsten wenig rentabel, da die Pflanzen schon bei Temperaturen unter 16 °C Wachstumsstörungen erleiden. Bei ungünstigen Kulturbedingungen werden Blüten und junge Früchte abgestoßen.

Die Pflanzen werden etwa alle zwei Wochen ausgegeizt und ein- oder zwei- bis dreitriebig gezogen; Kurzkulturen (Mai bis September) läßt man meist in Buschform wachsen. Die Büsche können wie Paprika mit einem Chrysanthemennetz gestützt werden; bei der Einzeltrieberziehung werden die einzelnen Triebe angekordelt. Durch einen Schnitt, bzw. das Ausgeizen werden Wachstum und Fruchtgröße reguliert und die Widerstandskraft gegen Pilzkrankheiten erhöht.

Tabelle 6: optimale Lufttemperaturen nach der Pflanzung in °C für Auberginen im Gewächshaus

Tag	Nacht
20 lüften ab 25 bis 28	16

Auberginen haben nicht ein so ausgeprägtes Wurzelwachstum wie Tomaten; deshalb muß auf eine ausreichende Bodenfeuchte geachtet werden. Als Verdunstungsschutz sollte der Boden auf jeden Fall gemulcht werden.

Die großen violetten Blüten erscheinen je Blütenstand einzeln oder zu zweit und sind zwittrig und selbstbefruchtend. Die Blütenbildung ist tagneutral.

Fruchtwechel

Vierjährig zu sich selbst und zu anderen Solanaceen (Tomaten, Paprika)

Abb. 2: *Auberginenblüten sind sehr dekorativ*

Abb. 3: *Der Blüten- und spätere Fruchtkelch von Auberginen ist bestachelt.*

Abb. 4: *Wenn in einem Haus keine Anbindemöglichkeit am Spanndraht besteht, können die Pflanzen auch an einem Holzgerüst mit Kordel angebunden werden. Untersaaten haben sich bei Gewächshauskulturen nicht bewährt.*

Krankheiten und Schädlinge

Pilzkrankheiten

Den wichtigsten bodenbürtigen Pilzkrankheiten, Fusarium und Verticillium (siehe auch bei Tomaten) kann man durch ausreichenden Fruchtwechsel vorbeugen. Anderen Pilzkrankheiten ist durch entsprechende Klimaführung, ausreichendes Lüften und Bewässerung von unten vorzubeugen. Allerdings kann trotzdem Echter Mehltau auftreten. Botrytis an den Früchten kann auch durch anhaftende Blütenblätter entstehen.

Tierische Schädlinge

Auberginen bereiten häufig Probleme mit Blattläusen, Spinnmilben und Weißen Fliegen. Hier muß von Anfang an auf Schädlinge geachtet werden, und der Nützlingseinsatz muß sehr rechtzeitig erfolgen (siehe Teil 2). Dabei ist die Auswahl der einzusetzenden Nützlinge von der genauen Bestimmung des Schädlings und den Kulturbedingungen abhängig. Am besten wird das Nützlingsprogramm mit dem Berater abgesprochen. Vereinzelt können auch Kartoffelkäfer und Gemüseeulen-Raupen auftreten.

Ernte

Erntebeginn ist etwa zehn bis zwölf Wochen nach Pflanzung. Bei ausreichenden Temperaturen sind die Früchte etwa 25 Tage nach ihrem Ansetzen erntefertig. Etwa 25 Tage nach Fruchtansatz haben Auberginen ihren höchsten Solaningehalt (1 bis 13 mg/100 g Frischsubstanz), der danach ständig abnimmt. Zu früh geerntete Auberginen können nicht nur einen hohen Solanin-Gehalt haben, sondern weisen auch ein grünes, grasig-riechendes Fruchtfleisch auf. Ihre Erntereife ergibt sich anhand ihrer sortentypischen Ausfärbung und den Marktansprüchen. Ein Zeichen der Erntereife ist es, wenn die Schale auf Druck leicht nachgibt und ein mattes Aussehen annimmt. Ferner sollen die Samenkerne noch weißlich und nicht bräunlich sein. Das Umschlagen der Farbe, zum Beispiel von Dunkelpurpur auf Violett, ist ein Zeichen von Überreife. Zur Ernte werden die Früchte mit dem Kelch (Achtung: bestachelt!) abgeschnitten. Ein Erntegang pro Woche ist ausreichend.

Ertrag: im konventionellen Anbau rechnet man mit fünf bis sieben kg/m".

Vermarktung und Verwendung

Gewünscht werden mittlere Fruchtgewichte zwischen 300 und 500 g. Da es aufgrund der Stacheln am Kelch leicht zu Verletzungen (und damit späteren Faulstellen) an der Fruchtschale kommen kann, muß sorgfältig verpackt werden. Auberginen werden schnell überreif. Am Gemüsestand dürfen sie keinesfalls der prallen Sonne ausgesetzt werden.

Durch den Solanin- und Bitterstoffgehalt, besonders der jungen Früchte, sollten Auberginen nur geschmort oder gebacken verzehrt werden. Sorten mit runden Früchten haben einen niedrigeren Solanin-Gehalt als solche mit länglichen Früchten.

Kurzzeitlagerung

Bei acht bis zehn °C und 85 bis 90 Prozent relativer Luftfeuchte für maximal zehn Tage, bei Temperaturen unter 5 °C treten Kälteschäden mit Schalenflecken auf. Die dünne Schale macht die Früchte empfindlich gegen Ethylen; deshalb Auberginen nicht zusammen mit anderen Früchten lagern.

Nährwert

Auberginen enthalten mehr Eiweiß, Kohlenhydrate und Rohfasern als Tomaten, aber weniger Karotin und Vitamin C.

Literatur

WEDLER, A., 1995: *Nachtschattengewächse und ihre Schattenseiten. Der Fachberater, Februar 1995.*

KRUG, H., 1991: *Gemüseproduktion. Verlag Paul Parey Berlin und Hamburg.*

FRITZ, D. und W. STOLZ, 1989: *Gemüsebau. Verlag Eugen Ulmer Stuttgart.*

LIEBSTER, G., 1990: *Warenkunde Obst & Gemüse; Band 2 Gemüse. Morion Verlagsproduktion Düsseldorf.*

STAATLICHE LEHR- UND FORSCHUNGSANSTALT FÜR LANDWIRTSCHAFT, WEINBAU UND GARTENBAU NEUSTADT/WEINSTR.: *Anbau- und Sortenhinweise für den Gemüseanbau 1995/96. Neustadter Hefte, Heft 5.*

CRÜGER, G., 1991: *Pflanzenschutz im Gemüsebau. Handbuch des Erwerbsgärtners. Eugen Ulmer Verlag Stuttgart.*

SCHWARZ, A. et. al., 1990: *Pflanzenschutz im integrierten Gemüsebau. Landwirtschaftliche Lehrmittelzentrale Zollikofen/CH.*

Sorten und Saaten Teil 2: Großkörnige Leguminosensorten

Ackerbohnen, Futtererbsen

Eberhard Kölsch
und Holger Stöppler

Die Ackerbohne

Die Ackerbohne, eine alte Kulturpflanze, hat in den vergangenen 15 Jahren einen enormen Anstieg verzeichnet. Für Rüther (1954) stellt sie ein wertvolles Kraftfutter für unsere Viehbestände dar. Die großkörnigen Formen *Vicia faba major* haben auch in der menschlichen Ernährung eine gewisse Bedeutung. Zitierte Versuche brachten 1950 in Trassin (bei Torgau) und Vollenschier (bei Stendal), abhängig von der Bodenqualität, Erträge von 25 dt/ha bei kiesigem Untergrund und 45 dt/ha unter besseren Bodenbedingungen. In der Bundesrepublik nahm die Anbaubedeutung von Körnerleguminosen allgemein und von Ackerbohnen speziell, mit dem zur Verfügung stehenden billigen Import an Stickstoffdüngemitteln (Energie) und Sojabohnenschrot, rapide ab. Weitere Ursachen waren sicher auch Mähdruschprobleme.

So war die Körnerackerbohnen-Anbaufläche in der BRD 1980 und 1981 auf 4.000 ha zurückgegangen (»Statistisches Jahrbuch« zitiert in BSL, 1995). Die Erträge wurden mit 32,7 dt/ha (1979 bis 1982) angegeben. Die erste Sojabohnenkrise von 1973 führte dazu, daß mehrere Forschungsinstitutionen begannen sich mit Ackerbohnen zu beschäftigen. Unerwähnt soll nicht bleiben, daß zu diesem Zeitpunkt auch die Erkenntnis über die Endlichkeit an Rohstoffen und fossilen Energievorräten an Boden gewann. Auch wurden von der Mitte der siebziger Jahre an Züchtungsaktivitäten staatlicherseits unterstützt, wie auch später Anreize für Landwirte auf nationaler Ebene und in der EU geboten wurden, die zum Ziel hatten, den Anbau von Körnerleguminosen auszudehnen. So stiegen nach Angaben der BSL (1995) die Anbaufläche von Körnerackerbohnen bis 1988 auf 60.000 ha an. Die durchschnittlichen Erträge pendelten sich im Zeitraum 1984 bis 1994 auf 35,4 dt/ha ein, wenn die beiden ungünstigen Jahre 1992 und 1994 unberücksichtigt bleiben, auf 36,6 dt/ha.

Wesentliche Züchtungsfortschritte zeigen sich über den Zeitraum der vergangenen zwanzig Jahre im Merkmal Topless-Typ (TYP), Stabil-Typ und bei tanninarmen Sorten. Von den heute zugelassenen 22 Sorten sind vier Topless Sorten, zwei Sorten tanninfrei und zwölf Sorten mit sehr geringer bis geringer Neigung zu Lager. Die Zahl der zugelassenen Sorten betrug 1984 sieben, 1994 22 Sorten. Tabelle 1 zeigt die Vermehrungsflächen der zugelassenen Ackerbohnen-Sorten.

Mit dem Aufkommen des ökologischen Landbaus wurden große Erwartungen in eine Ausdehnung der Ackerbohnen-Anbaufläche formuliert. Seitens der Fruchtfolge (N-Eintrag) kommt in Systemen des ökologischen Landbaus Leguminosen eine bedeutende Rolle zu, Körnerleguminosen dienen als Erweiterung der Fruchtfolge.

Für die Tierernährung schien es notwendig, den Körnerleguminosenanbau auszudehnen, um entsprechende Leistungen zu erreichen. Es sollte auch nicht vergessen werden, daß eine Stütze des ökologischen Landbaus die »Weltgerechtigkeit des Handels« ist, also auf Importfuttermittel verzichtet werden soll.

Doch verschiedene Probleme haben sehr bald zur Ernüchterung der Landwirte beigetragen:

- in manchen Jahren massives Auftreten der schwarzen Bohnenlaus
- Anfälligkeit für Schokoladenfleckenkrankheit (Botrytis) und Blattschädigung durch dieselbe
- starke Gefahr der Spätverunkrautung mit Blattfall vor dem Mähdrusch und dadurch mitverursachte Probleme beim Mähdrusch.

So ist in Hessen die Anbaufläche von Ackerbohnen von über 2.000 ha 1988 auf 1.000 ha 1993 und 1994 zurückgegangen. Genaue Zahlen über den Anbauumfang von Körnerackerbohnen in Ökobetrieben liegen nicht vor. Gleichzeitig wurde die Körnererbsenanbaufläche ausgedehnt und beträgt jetzt 55 Prozent der Körnerleguminosenfläche (Völkel, 1994).

Versuchsergebnisse aus dem ökologischen Anbau liegen nur im geringen Umfang vor. Anbauempfehlungen wurden also häufig aus Landessortenversuchen abgeleitet. Versuchsstandorte der LK Hannover waren 1992 bis 1994 Neuenmarkhorst bei Twistringen südlich von Bremen, 1995 Hollanderhof (Landkreis Cuxhaven) und Hilligsfeld Kreis Hameln, wie auch Futterkamp in Schleswig Holstein. Die Ökoversuche in Hessen waren 1995 in den Landkreisen Fritzlar, Alsfeld und Marburg angelegt; auf dem Eichhof bei Bad Hersfeld ein integrierter Anbau. Am Standort Eichhof erfolgte eine Blattrandkäferbehandlung und später ein Insektizideinsatz gegen die schwarze Bohnenlaus.

Tabelle 2 zeigt die Kornerträge verschiedener Ackerbohnensorten an vorstehend genannten Standorten der Jahre

Tabelle 1: Zugelassene Sorten und Vermehrungsflächen von Ackerbohnen (BSL verschiedener Jahre)

		Vermehrungsflächen ha		
Sorte	**Zulassungsjahr**	**1983**	**1988**	**1994**
Akzent	1990	i	41	
Albatross	1988	i	7	–
Alfred	1983	o	2964	622
Apollo	1988	i	–	*
Avanti	1986	i	112	224
Bertabo	1989	i	i	21
Boss	1988	i	4	*
Cargo	1986	i	85	–
Carola	1989	i	i	33
Caspar	1992	i	i	129
Condor	1990	i	i	422
Diana	1969	378	*	*
Erfano	1988	i	i	22
Fritel	1988	i	–	*
Geo	1989	i	i	63
Hedin	1986	i	125	241
Herra	1973	169	*	*
Herz Freya	vor 1953		425	353 99
kleine Thüringer FB	vor 1953	152	*	*
Kristall	1973	173	304	*
Mythos	1988	i	4	61
Piccolo	1988	i	10	*
Pistache	1990	i	i	27
Sapphire	1988	i	–	69

Tabelle 1: Zugelassene Sorten und Vermehrungsflächen von Ackerbohnen (BSL verschiedener Jahre) Fortsetzung

		Vermehrungsflächen ha		
Sorte	**Zulassungsjahr**	**1983**	**1988**	**1994**
Scirocco	1992	i	i	504
Tigo	1988	i	-	*
Tina	1990	i	i	97
Tiseta	1990	i	i	21
Topas	1986	i	463	19
Viktor	1988	i	–	*
Herbstaussaat				
Webo	1979	o	*	*
Hiverna	1986	i	34	–
		1297	4465	2715
Anzahl zugelassene Sorten	7	17	22	

* nicht mehr in BSL eingetragen
- keine Angaben
i keine Eintragung in Beschreibende Sortenliste
o keine Angaben über Vermehrungsflächen

1992 bis 1995. Leider sind aufgrund unterschiedlicher Sorten nicht alle Versuche ohne Einschränkung vergleichbar.

In den Versuchen der LK Hannover schneidet die »relativ alte Sorte *Hedin*« (Zulassung 1986) gemessen an *Alfred* deutlich besser ab. Spitzenreiter sind aber *Condor* und *Scirocco* mit 108 und 110 Prozent relativ zum Versuchsdurchschnitt, die nicht in allen Jahren geprüft wurden.

Die tanninfreie Sorte *Caspar* liegt nur 1994 über dem Versuchsdurchschnitt. Sie gehört zu den Kurztypsorten, bei denen mit stärkerer Spätverunkrautung gerechnet werden muß. Am Standort Marburg ist der geringe Ertrag mit hohem Unkrautdruck zu erklären. *Caspar* ist gut standfest. Bei den Kurztypsorten sollte der Spätverunkrautung wegen ein später Hacktermin vorgesehen werden, der aufgrund besserer Beschattung und höherer Wuchshöhe bei Normalsorten nicht mehr möglich ist.

Zur Frühjahrsaussaat wurden 1996 die vier Sorten *Alfred, Hedin, Caspar* und *Scirocco* von Naturland empfohlen. Von

Tabelle 2: Kornerträge verschiedener Ackerbohnensorten aus unterschiedlichen Jahren und Standorten 1992 bis 1995

	Neuenmarkhorst			Holl*.	Hill.*	Futter-	Fritzlar	Mbg.*	Alsfeld
	92	93	94	95	95	95	95	95	95
Alfred	105	89	97	94	85	96	96	102	99
Hedin	105	119	114	96	102	99	–	–	–
Apollo	108	0	0	–	–	–	–	–	–
Topas	101	0	0	–	–	–	98	94	105
Condor	0	110	109	115	114	91	104	98	120
Albatross**	86	090	–	–	–	–	–	–	
Mythos	0	101	95	114	82	86	–	–	–
Toret**	95	0	0	–	–	–	–	–	–
Caspar**	0	81	106	79	87	84	95	73	78
Pistache	0	0	75	72	93	76	–	–	–
Scirocco	0	0	114	95	109	114	116	122	103
Sapphire	0	–	115	85	75	–	–	–	–
Bertabo	0	0	0	–	–	–	92	112	95
Versuchsdurchschnitt in dt/ha	34,9	46,7	36,2	45,3	55,4	50,3	49,4	48,6	56,6

*Holl. = Hollanderhof (Landkreis Cuxhaven)
Hill. = Hillingsfeld (Hameln)
Futterk. = Futterkamp (Schleswig-Holstein)
Mbg. = Marburg

** = tanninfreie Sorten

den Sorten steht auch Saatgut aus Vermehrung des Ökolandbaus zur Verfügung. Auch Kenner und Ebert (1993) empfehlen diese Sorten für den Anbau. Bei Ackerbohnen zur Kornnutzung besteht offenbar große Übereinstimmung zwischen verschiedenen Empfehlungen.

Neben dem Sortenaspekt sollen zwei weitere Möglichkeiten der Ertragsbeeinflussung erwähnt werden. Das Häufeln der Ackerbohnen etwa zwei Wochen vor Blühbeginn führt (Bäumer zitiert in Köpke, 1989) zu Ertragssteigerungen von zwei bis zwölf Prozent.

Traditionell wurden Leguminosen/Getreidegemenge angebaut. Mischkulturen entsprechen dem Wesen des Ökolandbaus. Eigene Arbeiten mit Körnererbsen im Mischanbau mit Hafer, Sommergerste und Sommerweizen bestätigen die ertragssichernde Wirkung solcher Mischungen. Es scheint aber notwendig, unter den Bedingungen des Ökolandbaus Mischkulturen neu zu untersuchen:

- Nutzung vorhandener Nährstoffreserven im Boden
- Beikrautunterdrückung
- Ertragssicherung unter wechselnden Witterungsbedingungen
- Veränderung von Erntegutqualitäten durch Mischkulturen

Futtererbsen

Die Anbaufläche an Körnerfuttererbsen ist in den Jahren 1993 und 1994 auf 44.000 bis 46.000 ha (inklusive neue Bundesländer) gestiegen, hat aber noch nicht das Niveau des Jahres 1987 (51.000 ha) erreicht. Die Erträge schwanken jahresbedingt, trotz eines großen Angebotes an neuen Sorten, noch immer stark zwischen 25,8 dt/ha (1992) und 35,3 dt/ha (1988) (Statistisches Jahrbuch zitiert in BSL Getreide, 1995).

Derzeit stehen für den Anbau zwanzig Sorten zur Verfügung. Die mit Erfolg feldbesichtigten Saatgutvermehrungsflächen im Bundesgebiet betrug 1994 4.127 ha. Inwieweit importiertes Saatgut zum Anbau kommt, konnte nicht überprüft werden. Auch ist die Ableitung der Anbaufläche aus den Vermehrungsflächen problematisch, weil Leguminosensaatgut als teuer angesehen wird und somit auch größere Flächen mit Nachbausaatgut angebaut werden dürfen.

Nach der feldanerkannten Vermehrungsfläche haben die beiden Sorten *Baroness* und *Erbé* die größten Vermehrungsflächen bei abnehmender Tendenz.

Die zur Körnernutzung heute zugelassenen Sorten sind überwiegend halbblattlose Sorten von weißer Blütenfarben. Die Tabelle 3 zeigt Ergebnisse aus Anbauversuchen im ökologischen Landbau mit neuen Körnererbsensorten der Jahre 1994 und 1995.

Die Mehrzahl der angebauten Sorten wurden nach 1990 zugelassen. Es kann davon ausgegangen werden, daß sich bei der Entwicklung dieser Sorten die Förderung des Körnerleguminosenanbaues durch die EU-Agrarpolitik der späten siebziger und der achtziger Jahre niederschlägt.

So haben sich im Anbau als Körnererbsen halb-blattlose weißblühende Formen durchgesetzt. Verschiedene Versuchsergebnisse lassen den Schluß zu, daß die erzielbaren Erträge deutlich gestiegen sind.

In Hessen wurden von 1988 bis 1994 auf zwei bis sechs Standorten acht bis 14 Sorten unter Bedingungen des konventionellen Anbaus geprüft. Der durchschnittliche Kornertrag im Feldversuch lag bei 49,6 dt/ha, der geringste

Tabelle 3: Erträge (%) verschiedener Erbsensorten auf mehreren Standorten

		1	2	3	4	5	6	7		Quelle*
Zu-lass-ungs-jahr		Alsfeld 94	Mar-burg 94	Alsfeld 95	Fritzlar 95	Schmölau 94	Schmölau 95	Futter-kamp 95	Durch-schnitts-erträge	Untersuchungen
92	Grafila	83	99	97	101		84	110	96	6
92	Azur	104	105	117	107		115	104	109	6
92	Messire	89	96	99	90	122	128	100	103	7
92	Presto	112	104	111	93				105	4
92	Juno	107	105	103	102				104	4
93	Baccara	106	81	81	106				94	4
86	Solara	120	114			99	95		107	4
90	Baroness	114	105			85	71	97	94	5
92	Montana	109	110			103	101	103	105	5
88	Erbi			102	95		121	103	105	4
93	Loto			79	102				91	2
94	Eiffel			115	105		105	109	108	4
86	Bohatyr						118	97	108	2
	Delfa							111	111	1
89	Rex					141	110		126	2
	Misch. 1.	97	97						97	2
	Misch. 2.	82	107	96	100				96	4
86	Grapis	85	103						94	2
Ver-suchs-durch-schnitt dt/ha)		47,0	37,8	53,9	41,4	20,9	16,1	50,5		

* Quelle:1-4. Völkel, G., Hess.LA; 5-7. Meyercordt, LK Hannover

Ertrag wurde 1989 mit 45,0 dt/ha erzielt. Dabei sind im Extremfall vom schwächsten bis zum besten Standort Schwankungen von 32,7 bis 61,8 dt/ha aufgetreten (1992).

Die Tabelle 3 mit Ergebnissen aus Anbauversuchen im ökologischen Landbau zeigt je nach Standort ebenfalls hohe Schwankungen im durchschnittlichen Ertrag der am jeweiligen Ort geprüften Sorten. Die Differenz von 9,2 dt/ha 1994 und 12,5 dt/ha 1995 zeigt beim gleichen Sortiment die Abhängigkeit des Körnererbsenertrages von den Standortbedingungen.

Als Ursache für die geringen Erträge in Marburg 1994 wird vom Versuchsleiter ein durch anhaltende Nässe stärker verdichteter Boden angegeben, für 1995 Fritzlar stärkerer schlagspezifischer Unkrautdruck und witterungsbedingt keine Möglichkeit des Blindstriegelns. Der Standort Schmölau liegt im östlichen Landkreis Uelzen. Das geringe Ertragsniveau dürfte durch leichtere Böden und eine entsprechende Wassersituation zu erklären sein.

Aufgrund vorliegender Erfahrungen, Ergebnisse und Beobachtungen lassen sich folgende, für den ökologischen Landbau wesentliche Aspekte hervorheben:

- Beikraut
- Mähdrusch

Da im ökologischen Landbau die Beikrautregulierung überwiegend durch Striegeln oder Hacken stattfindet, ist eine frühe, umfassende Beschattung wesentlich. So kommt der Unkrautunterdrückung eine wesentliche Rolle zu.

Auf beiden hessischen Versuchsstandorten im ökologischen Anbau haben 1995 die Sorten *Azur* und *Eiffel* die höchsten Kornerträge gebracht. Ihre Pflanzenlänge ist mit 4 (kurz bis mittel) beschrieben, die Neigung zu Lager bei *Azur* mit 3 (gering), bei *Eiffel* mit 1 (sehr gering) bonitiert. Beide Sorten sind halb-blattlose Typen, die 1992 und 1994 zugelassen wurden.

Die geprüften, kürzeren Sorten wie *Baccara*, *Juno*, *Loto*, *Messire* sind aufgrund der geringeren Unkrautunterdrückung, trotz guter Einzelergebnisse weniger zu empfehlen (Völkel, 1994).

Nach gleicher Quelle leisten zwar die angebauten Blatt-Typ-Sorten, *Bohatyr*, *Grapis*, *Rex* eine starke Unkrautunterdrückung, sind jedoch wegen Druschproblemen und niedrigen Ertragsniveau den Halbblatt-Typen gegenüber insgesamt unterlegen.

Eigene Versuche zeigen deutliche Erfolge bei der starken Sorte *Baroness* hinsichtlich besserer Beikrautregulierung, besserer Druschfähigkeit und höherer Erträge durch Verminderung von Druschverlusten, wenn zehn bis zwanzig

Prozent Sommergerste beigemischt werden (Kölsch, 1993 bis 1995).

Völkel (1994) teilt aufgrund der Anbauversuche die zugelassenen Erbsensorten in drei Gruppen :

- für Ökobetriebe, Erstanbauer und Betriebe mit Lohndrusch gut geeignet: Azur, Baroness, Bohatyr, Prestor, Profi, Eiffel, Delta
- für Ökobetriebe bedingt geeignet: Baccara, Grapis, Juno, Montana, Revata, Solara, Focus
- für Ökobetriebe nicht geeignet: Messire

Bei dieser Einstufung werden neben den in der Bundessortenliste genannten Merkmalen folgende Eigenschaften berücksichtigt: Unkrautunterdrückung, Bestandshöhe zur Zeit der Ernte, Stellung der Hülsen zur Strohmatte, Zeitpunkt des Abfalls der Blütenblätter, Geschwindigkeit in der Jugendentwicklung, Gleichmäßigkeit der Abreife der Hülsen an einer Pflanze.

Literatur

Eine Literaturliste findet sich am Ende von Teil 1.

Sorten und Saaten
Teil 3: Gerste

Sommergerste: Sortenversuchsergebnisse, Sortenempfehlungen, Züchtungsfortschritte; Futter-/Wintergerste; Nacktgerste

Holger Stöppler-Zimmer,
und Eberhard Kölsch

Sommergerste

Der Sommergersten-Anbau umfaßte 1994 rund 778.000 ha. Größte Anbaugebiete sind Bayern, Niedersachsen, Baden-Württemberg und Rheinland-Pfalz. Der Anbauumfang entspricht etwa dem des Winterroggens bei Erträgen von etwa 43 dt/ha.

Derzeit sind 41 Sommergersten-Sorten und eine Nacktgersten-Sommerform eingetragen, die allesamt zweizeilige Gersten sind. Die mit Erfolg feldbesichtigte Saatgutvermehrungsfläche hatte nach Angaben der BSL 1994 den Umfang von 18.088 ha. Nach gleicher Quelle waren *Alexis* (23%), *Krona* (22%), *Baronesse* (12%) und *Maresi* (10,5%) die Sorten mit der größten Verbreitung.

Die bisher im ökologischen Landbau verbreiteten Sorten *Aura* und *Steffi* sind an der Vermehrungsfläche mit 0,1% und 6,6% beteiligt. Der nach der BSL 1994 zu erwartende relativ geringe Vollgerstenanteil der Sorte *Aura,* verbunden mit einem hohen Eiweißgehalt, führten schon 1990 und 1991 zu Sortenversuchen am Fachgebiet Ökologischer Landbau (FÖL) in Witzenhausen. Neben dem Ertrag bestimmen diese beiden Parameter wesentlich über den Verkaufserfolg des Landwirtes.

Der Anteil an Ökobier ist gering, aber verschiedene Autoren erwarten eine zunehmende Tendenz. Dies bedeutet einen zunehmenden Markt für Braugerste aus Ökoanbau.

Ebenfalls schon 1989 bis 1991 haben sich Baumer, Beck und Pommer (1993) mit Fragen des Ertrages und der Qualität der Braugerste aus ökologischem Landbau befaßt. Neuere Versuchsergebnisse aus den Anbaujahren 1994 und 1995 liegen aus Hessen vor. Für den Landwirt im ökologischen Landbau sind bei der Sortenwahl neben allgemeinen Qualitätskriterien wesentliche Merkmale Ertrag, Vollgerstenanteil und Eiweißgehalt.

Hervorzuheben ist der Konflikt, wie die Sorte auf das N-Angebot des Bodens reagiert. Erfahrungsgemäß wird Braugerste im abtragenden Bereich der Fruchtfolge angebaut, andererseits sollte die zur Verfügung stehende Stickstoffmenge ausreichen, über einen ausgeglichenen Bestand einen hohen Ertrag mit einem hohen Anteil Vollgerste zu ernten.

Sortenversuchsergebnisse

Der Versuch von BAUMER et al. (1993) wurde 1989 an zwei Standorten in Bayern und 1990 sowie 1991 an je vier Standorten angebaut. Die Vorfrüchte waren vielfältig: zweimal Brache, zweimal Sommerweizen, zweimal Winterroggen, zweimal Silomais und Dinkel sowie einmal Erbsen.

Als weniger anspruchsvolle Sorten waren *Aura* und *Steffi* ausgewählt; die Gruppe anspruchsvoller Sorten war durch *Alexis, Cheri* und *Defra* vertreten. An drei von vier Versuchsstandorten war die Gruppe der weniger anspruchsvollen Sorten überlegen.

Ertragstärkste Sorte war sowohl im Kornertrag wie auch im Vollgerstenertrag *Aphrodite*. Sie neigt jedoch zum Körneraufplatzen (Premalting) und wird daher nicht mehr zum Anbau empfohlen.

Nach diesen Ergebnissen sind Sorten mit mittlerer Intensität, früher Reife und gute Kornqualität wie *Aura* und *Steffi* für den ökologischen Landbau am besten geeignet. Auch hinsichtlich der Verarbeitungseigenschaften (Eiweißgehalt, Malzqualität) waren die Sorten überzeugend. In den Versuchsjahren war der Krankheitsbefall in den Sommergerste-Beständen von untergeordneter Bedeutung.

Der Versuch in Neu-Eichenberg wurde in einem nicht typischen Braugerstegebiet angebaut. Die durchschnittliche Bestandsdichte mit 633 Ähren/m ^{2} 1990 und 709 Ähren/m ^{2} 1991 sind bei einer Aussaatstärke von 330 keimfähigen Körnern pro m ^{2} als hoch anzusehen (Tabelle 1). *Alexis* erzielte in beiden Versuchsjahren eine überdurchschnittliche Bestandsdichte.

Der Vollgerste-Anteil mit 81% und 88% lag in beiden Jahren unter der 95%-Grenze. Tabelle 1 zeigt die Vollgerste-Erträge. Im Mittelwert beider Jahre zeigten *Aphrodite* und *Stella* die höchsten Vollgerste-Erträge (an die Mälzerei verkaufbare Erntemenge, Sortierung > 2,5 mm). Nach BAUMER (Bayrische Landesanstalt für Bodenkultur und Pflanzenbau, Freising, 1995) wird jedoch schon 1991 *Stella* in Bayern wegen Mängel in der Malzqualität nicht mehr zum Anbau in der allgemeinen Landwirtschaft empfohlen. Die Sorte *Steffi*, mit 105,5 % im Versuchsdurchschnitt, folgt in Neu-Eichenberg zweijährig auf Rang 3.

Hervorzuheben ist auch die Leistung von *Defra* und *Aura* im Jahr 1990

Tabelle 1: Vollgerstenerträge, Bestandsdichte und Rohprotein Neu-Eichenberg

	Vollgerstenertrag (%)		Bestandsdichte (%)		Eiweißgehalt (%)	
Sorte	1990	1991	1990	1991	1990	1991
Alexis	103	104	105	107	9,4	10,5
Aphrodite	117	100	99	103	10,3	11,4
Aura	103	82	110	90	10,6	11,9
Cheri	88	106	98	95	11,0	11,1
Defra	106	96	97	99	10,1	11,3
Fink	88	113	98	100	10,1	10,9
Gimpel	88	94	98	95	10,9	12,1
Steffi	105	106	99	106	10,3	11,3
Stella	116	103	96	99	9,5	10,9
Trumpf	85	94	100	107	10,2	11,2
Versuchsdurschnitt:	26,7 (dt/ha)	48,9	633 Ähren/m²	709	10,2 %	11,3

(Rang 4 und 5). 1991 fällt *Aura* bei hohem Ertragsniveau deutlich ab. Bemerkenswert ist ferner die Leistung von *Alexis* in beiden Jahren; in einem anderen Versuch am Standort Neu-Eichenberg hat jedoch *Alexis* 1992 bis 1995 an abtragender Fruchtfolgestellung ständig enttäuscht.

Unter weniger günstigen Bedingungen (1990) lieferten die Sorten *Cheri* und *Fink* unterdurchschnittliche Erträge an Vollgerste, während bei einem insgesamt höheren Ertragsniveau 1991 beide Sorten überdurchschnittlich abschnitt.

Der Rohproteingehalt 1990 lag mit 10,2% im Durchschnitt deutlich unter dem Wert von 1991 (11,3%). Die Einstufungen der Sorten *Alexis* und *Aura* in der BSL in diesem Merkmal bestätigen sich in diesem Versuch.

Aus diesen wenigen Versuchsergebnissen in Verbindung mit der »Beschreibenden Sortenliste« werden einige Kriterien abgeleitet, die eine Braugerste für den ökologischen Landbau erfüllen sollte. Unabhängig davon sollte sich der Landwirt mit dem Abnehmer vor dem Anbau hinsichtlich der Sortenwahl verständigen.

Die Bedeutung weiterer mälzereitechnologischer Eigenschaften wie Mälzungsschwand, Extraktgehalt, Eiweißlösungsgrad wie auch Hartongzahl sollte hinsichtlich der Sortenwahl mit der Brauerei oder Mälzerei abgesprochen sein.

Die Pflanzenlänge ist für den ökologischen Landbau von Bedeutung, da die oberirdische Masse und die Wurzelmasse in einem Bezug stehen, ferner ist davon auszugehen, daß sich eine höhere Wuchshöhe unkrautregulierend auswirkt.

Eine geringe Anfälligkeit für Krankheiten bedeutet eine hohe Toleranz. Wenn auch Mehltau bei in der Regel schwächeren Beständen des Ökolandbaus nicht die Rolle spielt wie in intensiv geführten Beständen des konventionellen Landbaus, so ist kein vernünftiger Grund zu sehen, auf genetisch verankerte Vorteile zu verzichten.

Nach Auskunft einer süddeutschen Mälzerei werden derzeit folgende Sommergerste-Sorten aus ökologischen Landbau vermälzt:

- *Aura*
- *Steffi*
- *Krona*
- *Katharina*

Die Verarbeitung von Sortenmischungen wird bisher nicht akzeptiert, obwohl gerade geeignete Sortenmischungen für den ökologischen Landbau von Vorteil sein könnten. Seitens der Mälzereien werden jedoch die unterschiedlichen Vermälzungseigenschaften der Sorten stark betont und derzeit mindestens 98 Prozent Sortenreinheit gefordert, was durch Stichproben kontrolliert wird.

Tabelle 2 zeigt Ertragsergebnisse eines Sortenversuches auf Hessischen Ökostandorten. Im Merkmal Kornertrag sind im Mittel über Ort und Jahre die Sorten *Scarlett, Thuringia* und *Baronesse* hervorzuheben. Die neun Jahre alte Sorte *Alexis* wie auch die kurzstrohigen Sorten *Krona, Chariot, Polygam* und *Otis* druschen unterdurchschnittliche Erträge. Als gesündeste unter den ertragsreichen Sorten ist *Thuringia* einzustufen. Auch hinsichtlich des Vollgerstenanteils, des Eiweißgehaltes, Extraktgehaltes, Lösungsgrad und Hartongzahl können *Scarlett* und *Thuringia* aufgrund des derzeitigen Kenntnisstand als gute Braugerstensorte für die Zukunft zum Anbau im ökologischen Landbau empfohlen werden.

Sortenempfehlung der Verbände

Die Bayerische Landesanstalt für Bodenkultur und Pflanzenbau empfiehlt in Zusammenarbeit mit den Verbänden des Ökolandbaues folgende Sorten für Braugerstenanbau: *Katharina, Krona, Steffi* und *Thuringia* (Pommer, Bayrische Landesanstalt für Bodenkultur und Pflanzenbau, Freising, 1995). Naturland schlägt sieben verschiedene Sorten vor, wobei nur bei der Sorte *Alexis* die

Tabelle 2: Sommergerste, Sortenversuche in Hessen, Ökologischer Landbau

Sorten	Orte				
	Darmstadt 1994 %	Marburg 1994 %	Darmstadt %	Marburg 1995 (%)	Ø 1995 %
Alexis	95	88	98	91	93
Baronesse	104	109	106	109	107
Maresi	106	103	104	102	104
Alondra	100	94	98	93	96
Krona	93	98	94	97	96
Chariot	94	99	94	98	96
Thuringia	106	107	105	108	107
Halla	101	100	104	104	102
Scarlett	109	111	107	110	109
Brenda	106	106	104	104	105
Otis	111	100	109	99	105
Diamalta	91	94	91	93	92
Polygena	87	93	86	93	90
Versuchs-durch-schnitt (dt/ha)	30,4	27,3	32,4	29,3	29,85

Braueignung betont wird. Genannt werden auch *Krona* und *Steffi*.

Züchtungsfortschritte

Tabelle 3 zeigt die durschnittliche Lebensdauer der Sommergersten-Sorten und die Abnahme der Neuzulassungen.

Bis zu zehn Jahre alt waren 1984 82%, 1995 jedoch 86%. Bemerkenswert erscheint ferner, daß 62% aller eingetragenen Sommergersten-Sorten, 1984 gering (3) bis mittel (5) anfällig für Mehltau waren, also eine mittelbare bis starke Resistenz zeigten. 1995 dagegen wurden 68% aller Sommergersten-Sorten als sehr gering bis gering (2) bis mittel (5) anfällig eingestuft. Eine geringe (3) Mehltau-Anfälligkeit oder sehr gering bis geringe und geringe Bonitur (2+3) zeigten 19% aller Sorten im Jahr 1984, aber 38% der eingetragenen Sommergersten 1995. Dabei hat sich die Anfälligkeit zweier Sorten verändert.

Tabelle 3: Alter verschiedener Sommergerste-Sorten der jeweiligen BSL														
Alter in Jahren	1	2	3	4	5	6	7	8	9	10	11	12	13*	neu zugelassen
	(Anzahl der Sorten)													
BSL 1984	11	3	11	14	3	5	8	0	8	3	5	0	8	19 %
BSL 1995	5	5	12	10	12	10	5	10	5	2	0	2	7	12 %

* 13 Jahre alt und älter

1984 wurde die Mehltau-Anfälligkeit von *Aura* und *Gimpel* mit 6 bonitiert, wogegen 1995 *Aura* mit 8 und *Gimpel* mit 7 eingestuft sind. Einige Resistenzgene, die in der BSL aufgeführt sind, bilden heute keinen ausreichenden Mehltau-Schutz mehr.

In der ehemaligen DDR wurde mit Erfolg versucht, dem Effekt mit polyresistenten Sortenmischungen entgegenzuwirken (ZIMMERMANN, 1995). Das Bundessortenamt empfiehlt in diesem Zusammenhang: *»Das Befallsrisiko [mit Mehltau] kann vermindert und die Ausbreitung neuer Mehltau-Rassen verzögert werden, wenn in einem Anbaugebiet und besonders auf Betriebsebene Sorten mit unterschiedlichen, noch wirksamen Resistenzgenen zum Ausbau gelangen«* (BSL, 1995). So gibt die BSL (1995) auch Auskunft über die Resistenzgene, welche die Sorte kennzeichnen.

Futter-/Wintergerste

Ein Teil der Sommergersten-Produktion und der weitaus größte Teil der Wintergerste findet in Deutschland Verwertung als Futtergerste. Die Anbaufläche für Wintergerste betrug 1994 etwa 1.300.000 ha, mit Durchschnittserträgen, die sich seit 1980 zwischen 50 dt/ha und 60 dt/ha bewegen.

Bei der Bewertung der Bedeutung von Futtergerste ist zu berücksichtigen, daß der Kraftfuttereinsatz in der Tierhaltung des ökologischen Landbaus nicht so sehr groß ist. So liegen spezielle Versuchsergebnisse zur Sorteneignung nicht vor. Empfehlungen, die gegeben wurden, sind aus Beobachtungen der Praxis oder aus Landessortenversuchen abgeleitet worden.

Nur wenige Merkmale sind für die Sortenwahl entscheidend. Eingetragen sind derzeit 41 mehrzeilige Wintergersten und 25 zweizeilige Sorten, von denen bei zehn Sorten auch Ergebnisse zur Eignung für die Malz/Bierherstellung vorliegen.

Im Sinne der Nutzung von Züchtungserfolgen sollte sich der Anbau auf Gelbmosaikvirus-freie Wintergerste-Sorten beschränken. Ferner sollte auf einen späteren Ährenschiebe-Termin geachtet werden, wenn der Anbau auf

Böden stattfindet, deren N-Freisetzung im Frühjahr träge ist. Eine mittellange bis lange Pflanzenlänge zu berücksichtigen ist von Vorteil. Bei der Bonitur »Neigung zu Auswinterung, Lager, Halmknicken und Ährenknicken« sind Sorten mit Noten zwischen 2 und 5, nach der Devise »je geringer um so besser« zu bevorzugen.

Inhaltlich gilt hinsichtlich der Anfälligkeit für Krankheiten die gleiche Aussage (Mehltau, Netzflecken, Rhynchosporium, Zwergrost). Zum Beispiel wären hier die zweizeiligen Sorten *Epic* oder *Duet* den mehrzeiligen *Elektra* oder *Venus* vorzuziehen.

Wesentliche Merkmale für Futtergersten sind hoher Ertrag und im Gegensatz zu Braugersten ein hoher Eiweißgehalt (Boniturnote 4 oder 5).

Vom Mangel einer kurz bis mittleren Pflanzenlänge abgesehen, läßt sich aus der Sortenliste als zweizeilige Futtergerste (Wintergerste) ebenfalls *Duet, Epic* oder auch *Elpaso* herauslesen.

Einzig aus Bayern liegt eine Sortenempfehlung für eine Futtergerste vor; die Landesanstalt schlägt die Sommergerste *Baronesse* vor. Sollte Futtergerste zum Verkauf angebaut werden, verdient das Merkmal »Hektolitergewicht« beachtet zu werden.

Ist an Gerstenanbau zur Verfütterung im eigenen Betrieb gedacht, ist der Anbau von Erbsen-Sommergersten-Gemenge zu erwägen. In eigenen Anbauversuchen konnte 1993 und 1994 mit zwanzig bis dreißig Prozent Gerstenpflanzen und siebzig bis achtzig Prozent Erbsenpflanzen (bezogen auf eine Reinsaat) ein deutlich erhöhter Rohproteingehalt der im Gemenge angebauten Gerste im Vergleich zur Reinsaat bei der Sommergersten-Sorte *Krona* beobachtet werden.

Für Sommergersten statt Wintergersten in der Nutzung als Futtergerste sprechen neben einer kritischen Ernährungssituation während der Ährenbildung der Wintergerste, die ackerbaulichen Möglichkeiten (wie Einbau einer Zwischenfrucht vor der Sommergerste, Vorteil des Wechsels zwischen Winter- und Sommerfrüchten und nicht zuletzt die guten Eigenschaften einer Sommergerste) für Untersaaten von Kleegras.

Nacktgerste – spelzenlose Gersten

Die BSL (1995) führt die seit 1991 eingetragene Sommerform *Taiga* mit 20 ha Vermehrungsfläche 1994, sowie die 1993 registrierte Wintergerste (Nacktgerste) *Hiberna* der Bayerischen Pflanzenzuchtgesellschaft mit 19 ha Vermehrungsfläche 1994. Die Vermehrungsfläche der Sommer-Nacktgerste *Hora* erreichte 1981 bis 1984 durchschnittlich 4 ha Vermehrungsfläche. Beide derzeit zugelassenen Sorten weisen hohe Eiweißgehalte auf. Das sehr hohe Hektolitergewicht und die sehr niedrigen bis niedrigen Erträge sind zumindest teilweise durch die fehlenden Spelzen zu erklären.

Hinsichtlich der pflanzenbaulichen Merkmale sind die beiden eingetragenen Sorten nicht auffällig. Sortenversuche, aus denen Empfehlungen zur Sortenwahl abgeleitet werden könnten, liegen nicht vor.

Seit 1987 arbeitet Herr K.-J. MÜLLER in Nahrendorf an einem Weltsortiment von ursprünglich 1.600 nackten Linien mit dem Ziel, Kriterien für die Züchtung von Speisegersten für den ökologischen Landbau zu erarbeiten und geeignete Zuchtstämme zu ermitteln. So sind hinsichtlich der Beschaffung der Bodenfläche und auch der völligen Spelzenfreiheit nach dem Drusch zu den zugelassenen Sorten überlegene Linien gefunden worden (MÜLLER, 1993). Ohne Zweifel ist ein kleiner aber expandierender Markt für spelzenfreie Gerste vorhanden.

Empfehlung: Der Anbauverband Naturland empfiehlt für die Frühjahrsaussaat die Sorte *Taiga* und *Maresi* als Schälgerste. Saatgut aus ökologischem Anbau (Z-Saatgut) wird von drei Saatgutvermehrern angeboten.

Literatur

Eine Literaturliste findet sich am Ende von Teil 1.

Sektion 03, Grünland

03.01 Zur Zeit nicht besetzt

03.02 **45 Jahre Praxis-Erfahrung im biologisch-dynamischen Landbau**
von FRIEDRICH SATTLER
(Stand: September '94)

03.03 **Umstellen von Grünland**
von JOCHEN NEUENDORFF UND UTE BUSCHHAUS
(Stand: Dezember '96)

03.05 **Grünland und Naturschutz**
Teil 1: Wiesen- und Weidennutzung
von JOCHEN NEUENDORFF
(Stand: April '97)

–Weitere Beiträge in Vorbereitung –

Folgelieferung April '97

Grünland und Naturschutz Teil 1: Wiesen- und Weidennutzung

Problematik der naturschutzorientierten Bewirtschaftung, Beweidung, Gestaltung von Bewirtschaftungskonzepten, Wirtschaftlichkeit

JOCHEN NEUENDORFF

Ökologisch wirtschaftende Betriebe sind heute zunehmend durch Naturschutzauflagen auf Grünlandflächen betroffen. In unter Naturschutzgesichtspunkten besonders schützenswerten Kernzonen wird dieses Grünland zudem in das Eigentum der öffentlichen Hand überführt. Aus Sicht der Naturschutzbehörden bietet sich diese Vorgehensweise an, um Auflagen und Biotopgestaltungsmaßnahmen gegenüber landwirtschaftlichen Betrieben besser durchsetzen zu können.

Die Art und das Ausmaß der festgelegten Naturschutzauflagen und Biotopgestaltungsmaßnahmen führt häufig dazu, daß eine Nutzung für die Landwirtschaft wenig interessant ist, da gleichzeitig große Flächen, die nicht unter Auflagen stehen, auf dem Pachtmarkt angeboten werden.

Viele für den Naturschutz interessante Grünlandstandorte sind jedoch durch eine extensive Bewirtschaftung entstanden. Landwirtschaft ist für einen großflächigen Erhalt dieser Flächen unabdingbar. Der langfristige Erfolg von Naturschutzauflagen ist umso eher gegeben, je mehr Interesse von Seiten der Landwirtschaft aufgebracht wird. Bei einer Pflege geeigneter Flächen über eine extensive, tiergebundene Nutzung werden zudem marktfähige Produkte erzeugt und damit die Kosten der Pflegemaßnahmen für die öffentliche Hand verringert. Hohe Pflegekosten und Aufwendungen für die Deponierung des Mähguts werden vermieden. Gerade die extensive Tierhaltung ermöglicht eine umwelt- und energieschonende und in der Regel auch kostengünstige Gestaltung landschaftspflegerischer Maßnahmen.

Problematik der naturschutzorientierten Bewirtschaftung

Unter Naturschutzauflagen stehende Grünlandflächen werden heute im Rahmen von freiwilligen Bewirtschaftungsvereinbarungen, von Pflegeverträgen oder durch einfache Nutzungsüberlas-

Abb. 1: *Gallowaykalb auf Extensivgrünland*

sung von landwirtschaftlichen Betrieben bewirtschaftet.

Freiwillige Verträge werden in der Regel für Flächen angeboten, die zwar unter Naturschutzgesichtspunkten interessant erscheinen, jedoch nicht in das Eigentum der öffentlichen Hand überführt werden sollen.

Pflegeverträge werden dagegen für Naturschutzgrünland abgeschlossen, die im Rahmen von Flurbereinigungsmaßnahmen oder durch Ankauf in öffentliches Eigentum gelangt sind. Wegen der zunehmend enger werdenden finanziellen Spielräume werden solche Flächen häufig auch von Jahr zu Jahr ohne Entgeltvereinbarung zur Nutzung überlassen.

Naturschutzauflagen für Grünland legen in der Regel folgende Bedingungen fest:

- Nutzungsart und -dauer
- Zeiträume für die Durchführung von landwirtschaftlichen Pflegemaßnahmen sowie Zeitpunkt des Beginns der Nutzung
- zulässige Besatzdichte bei Beweidung
- zulässige oder verbotene Bewirtschaftungs- oder Pflegemaßnahmen

Ein typisches »Auflagenpaket« für Feuchtgrünland sieht so aus:

- Verbot der Neuansaat und Nachsaat
- keine maschinelle Bearbeitung (Walzen, Schleppen, Mähen) vom 1. März bis 15. Juni
- Erster Schnitt ab 15. Juni, Verpflichtung zum Abräumen des Mähgutes
- Beweidung bis 15. Juni mit höchstens zwei Stück Vieh pro Hektar, danach frei im Rahmen einer ordnungsgemäßen Bewirtschaftung

- keine Zufütterung
- keine Kalkung, keine Düngung

Solche Auflagen schränken die landwirtschaftlichen Verwertungsmöglichkeiten des Aufwuchses natürlich ein:

Bei ungünstiger Pflanzenbestandszusammensetzung ist eine Nachsaat eine einfache und kostengünstige Maßnahme zur Verbesserung der Grünlandnarbe. Allerdings müssen zuvor Bewirtschaftungsfehler erkannt und abgestellt werden. Neuansaaten sollten zwar grundsätzlich vermieden werden (siehe auch Kapitel 03.03). Sie können jedoch in Extremfällen erforderlich werden.

Ein Verbot des Walzens im Frühjahr führt auf Moorflächen zu einem Verlust des Bodenschlusses und zu erhöhter Empfindlichkeit der Narbe gegenüber Früh- und Spätfrösten. In die lückig werdenden Narben können in verstärktem Maße Wiesenschnaken einwandern.

Abb. 2: *Eine späte erste Schnittnutzung führt zu erheblichen Futterverlusten*

Zunehmende Bodenunebenheiten durch Untersagung des Walzens und des Abschleppens führen beim ersten Schnitt zu verstärktem Verschleiß an den eingesetzten Mähwerkzeugen. Der Weiderest steigt. In der Grasnarbe entstehen offene Stellen, in die unerwünschte Problemgräser und -kräuter einwandern können.

Bei Beweidung von Feuchtgrünland wird die maximale Besatzdichte in der Regel bis Mitte Juni in Tieren je Hektar festgelegt, da zum Schutz von Watvögeln eine möglichst geringe Zahl gelegezerstörender Hufe wesentlich ist.

Gerade im Frühjahr wäre jedoch wegen der hohen Zuwachsraten des Grünlandes ein hoher Viehbesatz erforderlich, um den Aufwuchs optimal nutzen zu können. Wenn hofferne, unter Auflagen stehende Flächen ausschließlich über eine Beweidung genutzt werden, nehmen der Weiderest und damit die Futterverluste erheblich zu. Sinnvoll ist, nach Möglichkeit den Schnittanteil zur ersten Nutzung zu erhöhen, um den Futterberg verwerten zu können. Das Schnittgut kann jedoch ebenfalls nur eingeschränkt eingesetzt werden. Zwar ist eine verspätete erste Schnittnutzung unter vegetationskundlichen Aspekten und zum Schutz von Wiesenbrütern häufig sinnvoll. In Abhängigkeit vom Standort können die Erträge des ersten Schnittes sogar ansteigen. Entscheidend für die landwirtschaftliche Verwertbarkeit des Aufwuchses ist jedoch die Futterqualität (Abb. 3).

Diese sinkt mit zunehmendem Alter des Aufwuchses erheblich. Die geringen Energiekonzentration von Spätschnittfutter schließen eine Verwendung in Verfahren mit hohen Ansprüchen an die Futterqualität wie in der Milchviehhaltung oder in der intensiven Bullenmast nahezu gänzlich aus (Tabelle 1).

Bei Silagebereitung können Fehlgärungen durch starke Futterverschmutzung oder für den Siliervorgang ungünstige Futterzusammensetzung auftreten. Häufig ist bei sehr spätem ersten Nutzungstermin eine Silagebereitung überhaupt nicht mehr möglich. Doch auch bei der Heuwerbung, die bei spätem ersten Nutzungstermin vorzuziehen ist, muß mit Konservierungsverlusten durch zunehmend ungünstige Witterungsbedingungen gerechnet werden.

Die verzögerte erste Nutzung verringert den für die Ertragsfähigkeit ökologisch bewirtschafteter Grünlandflächen entscheidenden Weißklee-Ertragsanteil zudem erheblich.

Für zahlreiche Feuchtgrünlandflächen wäre unter Naturschutzgesichtspunkten eine Wiedervernässung mit nachfolgender ausschließlicher Schnitt-

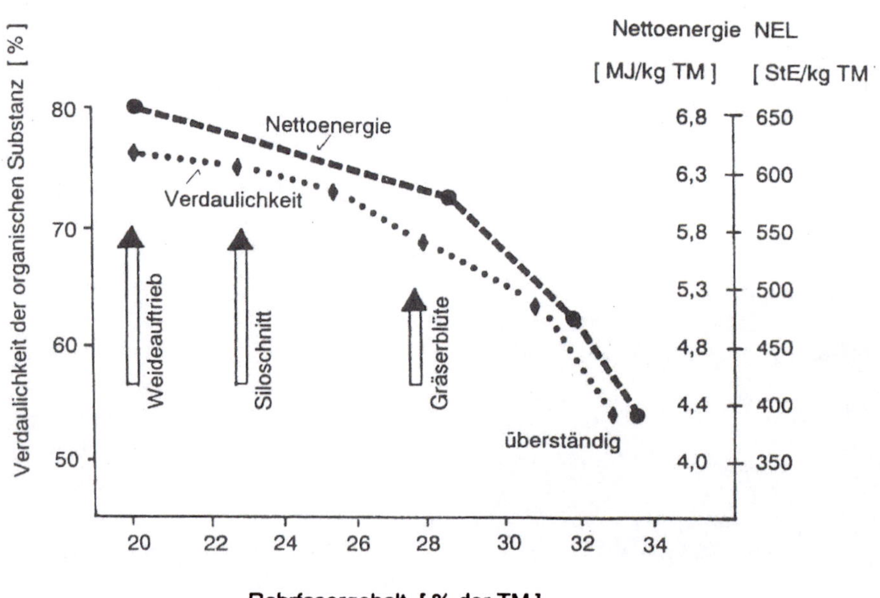

Abb. 3: *Grundfutterqualität in Abhängigkeit vom Nutzungstermin (nach Gross, 1987)*

Tabelle 1: Qualitätsansprüche an das Futter (nach Zimmer, 1990)

Energiedichte [MJ NEL/kg TS]	Kennzeichen der Bewirtschaftung	Produktionsformen Tierhaltung
über 6,0 bis 5,5 5,5 bis 5,0	normale Intensität in Düngung und Nutzung Düngung eingeschränkt, Nutzungstermin und -frequenz normal	- Milchkühe hoher Leistung - alle Nutzungsformen - Milchkühe mittlere Leistung - Fleischrinder (Mutterkuh mit Kalb) - Mutterschafe und Lämmer/ Ziegen - noch alle Nutzungsformen
5,0 bis 4,5	Düngung eingeschränkt oder keine Düngung mittlere Verspätung des Nutzungstermins	- Kühe trockenstehend - Fleischrinder (geringer Zuwachs) - Jungrinder - Pferde - Winterfutter
unter 4,5	Düngung eingeschränkt oder keine Düngung sehr später Nutzungstermin	- Ältere Jungrinder - Schafe nichttragend - Damwild - Pferde - Winterfutter (eingeschränkt)

nutzung bei Einschränkung der Schnitthäufigkeit wünschenswert. Diese Maßnahmen schränken die Verwertungsmöglichkeiten solcher Feuchtgrünlandflächen im landwirtschaftlichen Betrieb jedoch erheblich ein oder verhindern diese gänzlich. Durch eine Wiedervernässung wird die Tragfähigkeit des Bodens verringert. Das Befahren sehr feuchter Flächen mit landwirtschaftlichen Maschinen sowie bei Beweidung die Trittbelastung durch Rinder kann zu Bodenverdichtungen und Schäden an der Grünlandnarbe führen. Bedingt durch Maßnahmen zur Wiedervernässung ist langfristig mit einer Veränderung des Artenspektrum und auch mit einem verstärkten Auftreten von Giftpflanzen und von anderen von Weidetieren verschmähten Pflanzen zu rechnen. Ein großer Teil der Giftpflanzen verliert seine toxischen Eigenschaften auch während des Konservierungsprozesses nicht. Daraus ergibt sich eine weitere Einschränkung der Verwertbarkeit von Spätschnittheu oder -silage von feuchten bis nassen Standorten in der Wiederkäuerfütterung.

Naturschutzorientierte Grünlandbewirtschaftung durch Beweidung

Unter Naturschutzzielsetzungen soll die Beweidung von Grünlandflächen vorrangig dem Ziel der ökologischen Stabilisierung eines Landschaftsraumes dienen. Klima, Boden und Vegetation sollten den Ausschlag für die Wahl einer geeigneten Tierart und -rasse geben. Um die Trittbelastung gering zu halten, sollten beispielsweise auf Feuchtgrünland keine schweren Rinderrassen aufgetrieben werden.

Von größter Bedeutung für die Zusammensetzung der Vegetation und der Fauna ist auch das Beweidungsmanagement. Jede Beweidung bringt nur dann ökologischen Nutzen, wenn Beweidungsintensität (Besatzdichte, Beweidungsdauer und -häufigkeit, Parzellengröße) sowie Austriebszeitpunkt auf die Standortverhältnisse und -ansprüche abgestimmt sind. Auch unter den Bedingungen des Naturschutzes können Nutzung und aktuelle Produktivität des Standortes nicht losgelöst voneinander betrachtet werden.

Hohe Zuwachsraten im Frühjahr können beispielsweise bei einer Besatzdichte von einem Weidetier je Hektar kaum bewältigt werden. Der nicht abgeweidete Pflanzenbestand geht ins Lager und bildet mit dem Neudurchwuchs einen undurchdringlichen Filz. Eine kurze wiesenbrütergerechte Struktur kann so nicht erhalten werden. Pflanzen, die von den Tieren verschmäht werden, breiten sich aus. In solchen Fällen muß im Einvernehmen mit der Naturschutzbehörde nach Lösungen gesucht werden.

Wird eine extensive Beweidung von Grünlandflächen angestrebt, die aufgrund intensiver Düngung über einen hohen Nährstoffvorrat im Boden verfügen, sollte zunächst eine Aushagerung durch Schnittnutzung erfolgen, um die Produktivität des Standortes der geplanten Nutzungsintensität anzupassen.

Abb. 4: *Ein rascher Übergang von intensiver zu naturschutzorientierter Bewirtschaftung führt bei nährstoffreichen Grünlandstandorten zu Verunkrautung mit Problemkräutern*

Um unerwünschte Pflanzenbestände zurückzudrängen oder um deren Ausbreitung zu vermeiden kann es bei hohen Aufwuchsleistungen im Frühjahr sinnvoll sein, die Besatzdichte über einen kurzen Zeitraum wesentlich zu erhöhen, wenn auf der Fläche keine Watvögel siedeln. Durch eine hohe Verbißintensität bei ausreichender »Schmackhaftigkeit« der Futterpflanzen zu Beginn der Vegetation und eine hohe Besatzdichte, die zu Futterkonkurrenz innerhalb der Herde führt, werden in der Regel gute Pflegeerfolge erzielt. Die Trittfestigkeit des Bodens muß allerdings ausreichend sein.

Hinweise für die Gestaltung von Bewirtschaftungskonzepten

Schutz- und Entwicklungsziele werden von der Naturschutzbehörde auf Grundlage der ökologischen und landwirtschaftlichen Kenndaten festgelegt. Nur auf der Grundlage dieser Zielbeschreibung kann die Festlegung der Auflagen erfolgen. Die Erstellung von Bewirtschaftungs- oder Pflegevereinbarungen ist zu fordern. Besondere Bedeutung besitzt in diesem Zusammenhang die Ermittlung der Ausgleichszahlungen oder Pflegeentgelte für die an den Bewirtschaftungs- oder Pflegemaßnahmen beteiligten landwirtschaftlichen Betriebe. Eine Pflege zum »Nulltarif« verspricht langfristig nur selten Erfolg.

Es empfiehlt sich, eine Arbeitsgruppe mit Vertretern der Behörden und Interessengruppen zu bilden, die die Erarbeitung und Umsetzung des Bewirtschaftungs- oder Pflegekonzepts begleitet.

Bei Feuchtgrünland soll oft großflächig eine an den Biotopansprüchen von Watvögel orientierte extensive landwirtschaftliche Bewirtschaftung erfolgen. Eine mosaikartige Struktur des Grünlandes mit Mindestanteilen von ausschließlich geschnittenen Parzellen und von Grünlandbrachen wird angestrebt.

Bei der Festlegung der Zeiträume oder des Zeitpunkts von Nutzungs- und Pflegemaßnahmen sollte eine größtmögliche Flexibilität angestrebt werden. Gerade der Nutzungszeitpunkt hat erheblichen Einfluß auf die Futterqualität des Aufwuchses und damit auf die Verwertbarkeit in der Wiederkäuerfütterung.

Nicht in der Tierhaltung verwertbarer Aufwuchs sollte dezentral kompostiert werden. Eine zentrale Kompostierung oder Deponierung des Mähgutes ist in der Regel mit höheren Kosten verbunden.

Wirtschaftlichkeit extensiver Grünlandnutzung

In der Regel müssen den Landwirten für die Bewirtschaftung oder die Pflege von Grünlandflächen unter Auflagen Zuschüsse gezahlt werden, da die von den Flächen zu erzielende Marktleistung nicht zur Deckung der Kosten ausreicht.

Unter Naturschutz stehende Grünlandflächen liefern häufig quantitativ und qualitativ minderwertigen Aufwuchs, dessen Verwertung in der Tierhaltung enge Grenzen gesetzt sind.

Diese ist meist nur in extensiven Verfahren der Jungviehaufzucht, der Färsen- oder Ochsenmast, der Mutterkuhhaltung oder der Schafhaltung möglich.

Für die Wirtschaftlichkeit dieser Verfahren sind niedrige variable und fixe Kosten von zentraler Bedeutung. Insbesondere geringe Grundfutterkosten, geringe Arbeitsansprüche sowie niedrige Gebäudekosten durch die Nutzung vorhandener Altgebäude oder eine ganzjährige Draussenhaltung sind neben einer guten Produktionstechnik entscheidend.

Der Geldrohertrag, also die Einnahmen aus der extensiven Tierhaltung, werden in zunehmendem Maß von Prämien und Fördermitteln bestimmt. Daher ist die Abstimmung der Betriebsorganisation nicht nur auf die Bewirtschaftungsauflagen, sondern auch auf die Richtlinien geltender Förderprogramme sinnvoll.

Über eine Direktvermarktung von extensiv erzeugtem Rindfleisch können oft erheblich höhere Preise erzielt werden als in der konventionellen Vermarktung. Eine Unterstützung der landwirtschaftlichen Betriebe bei der

Abb. 5: *Für den Naturschutz interessantes Feuchtgrünland muß nicht immer besonders bunt sein: Sumpfdotterblumenwiese mit breitblättrigem Knabenkraut*

Abb. 6: *Highlands eignen sich gut zur Pflege von feuchten Grünlandstandorten*

Entwicklung von Vermarktungskonzepten und beim Erschließen neuer Absatzwege kann sinnvoll sein, um langfristig die Kosten der Pflege zu verringern und das Interesse der Landwirte an einer Bewirtschaftung von Naturschutzflächen zu stabilisieren.

Die Ermittlung des notwendigen Umfangs von Pflegeentgelten oder Zuschüssen sollte sich an der Flächenproduktivität und der einzelbetrieblichen Situation der bewirtschaftenden landwirtschaftlichen Betriebe orientieren. Hierbei sollte auch eine angemessene Entlohnung der vom Landwirt eingesetzten Arbeitszeit berücksichtigt werden. Soweit eine Kombination von Förderprogramme zur extensiven Nutzung von Grünland, zum Beispiel im Rahmen der flankierenden Maßnahmen, und Maßnahmen des Vertragsnaturschutzes zulässig ist, sollten diese Programme von den bewirtschaftenden Landwirten in Anspruch genommen werden und Zahlungen im Rahmen des Vertragsnaturschutzes falls notwendig, als Ergänzung geleistet werden.

Sektion 04, Ökologische Nutztieraufzucht und -haltung

Rinderhaltung
Teil 8: Ketose

Definition, Entstehung der Ketose, Krankheitserscheinung und Krankheitsfeststellung, Häufigkeit, Vorbeugung und Behandlung, Besonderheiten im Ökologischen Landbau, Literatur

Christian Krutzinna und
Engelhard Boehncke

Definition

Bei der Ketose des Rindes handelt es sich um eine klassische Stoffwechselerkrankung, für die auch Begriffe wie »Azetonämie«, »Ketonämie« und in der Praxis häufig »Stoffwechsel-« oder »Zuckerkrankheit« verwendet werden.

Physiologisch gesehen stellt die Ketose eine Störung des Kohlenhydrat- und Fettstoffwechsels dar, die meistens durch Energieunterversorgung verursacht wird. Sie tritt vor allem in den ersten acht Laktationswochen auf, es können aber auch Tiere bereits vor dem Abkalben erkranken.

Entstehung der Ketose

Zu Laktationsbeginn kommt es bei Milchkühen sehr häufig zu einer negativen Energiebilanz, da einerseits für die schnell ansteigende Milchleistung ein hoher Energiebedarf besteht, andererseits aber das Futteraufnahmevermögen nach der Geburt nur langsam wieder ansteigt (Abb. 1).

Die Möglichkeiten, dieses Energiedefizit durch hohe Kraftfuttergaben abzufangen, sind begrenzt, da »strukturarme«, kraftfutterreiche Futterrationen nicht wiederkäuergerecht und im ökologischen Landbau auch nicht erwünscht sind, und zu einer starken Übersäuerung des Pansens (Azidose) führen. Insofern ist die Fütterung der frischmelkenden (Hoch)leistungskuh eine schwierige Gratwanderung zwischen Azidose einerseits und Energiemangel mit dem Risiko zur Ketose andererseits.

Schlüsselsubstanz in dieser kritischen Phase ist die Glukose, die (neben vielen anderen Aufgaben) zur Synthese des Milchzuckers (Laktose) benötigt wird. Je Liter Milch werden im Euter etwa 72 bis 85 g Glucose benötigt (Kronfeld, 1976). Die Laktosekonzentration in der Milch ist mit etwa 4,5 bis fünf Prozent konstant und nahezu fütterungsunabhängig. Dadurch entsteht zu Laktationsbeginn ein hoher Glukoseabfluß aus dem Blut ins Euter, dem die

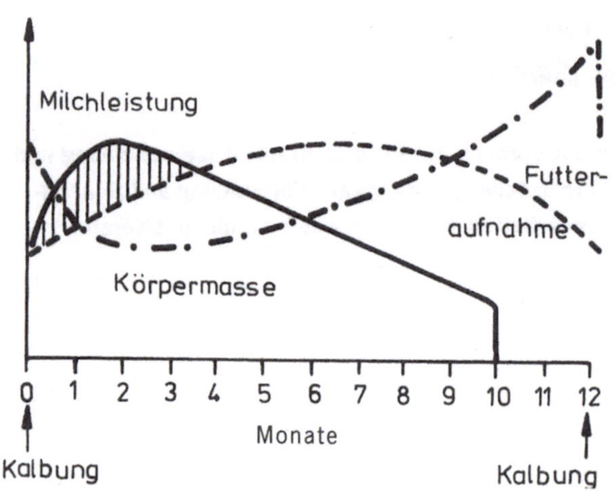

Abb. 1: *Schematische Darstellung der Entwicklung von Milchleistung, Futteraufnahme und Körpermasse im Verlauf einer Laktation. Die schraffierte Fläche stellt das Energiedefizit zu Laktationsbeginn dar, welches durch Körpermasseabbau ausgeglichen werden muß (nach* Stöber *und* Dirksen, *1982)*

Kuh durch verstärkte Glukosebereitstellung entgegenzuwirken versucht. Da Wiederkäuer nicht in der Lage sind, Glukose auf dem direkten Weg der »Stärke-Zucker-Verdauung« zu nutzen, sondern diesen Zucker unter Belastung ihres Stoffwechsels neu bilden müssen (Glukoneogenese), gestaltet sich die Energie- (= Glukose)versorgung zusätzlich schwierig (Burgstaller, 1986).

Als Energiequellen für die Glukosebildung kommen in Frage:

- Glukoseneubildung aus den Abbauprodukten der Futtermittel (vor allem aus der im Pansen entstehenden Propionsäure)
- Mobilisierung körpereigener Energiereserven wie Glycogen aus Leber und Muskulatur
- Glukoseneubildung in der Leber (Glukoneogenese) aus den Stoffwechselprodukten des Körperfett- und -eiweißabbaus.

Auf dem letztgenannten Weg kann die Milchkuh enorme Energiemengen bereit stellen, für die sie bis zu 100 kg Körpermasse einschmilzt (Tabelle 1).

Dabei ist zu berücksichtigen, daß der Körpersubstanzabbau nur bis zu einer Größenordnung von etwa 20 bis 30 kg als physiologisch bezeichnet werden kann. Bei stark erhöhtem Substanzabbau (Abmelken) werden die freigesetzten Fett- und Aminosäuren in der Leber nur unvollständig verwertet und als Folge davon kommt es zur Entstehung von Ketokörpern (Azetessigsäure, ß-Hydroxybuttersäure und Azeton) in der Leber. Gleichzeitig steigt der Fettgehalt der Leber deutlich an, in Extremfällen kann es zu einer krankhaften Le-

Tabelle 1: Beitrag der verschiedenen körpereigenen Reserven zur Energieversorgung der Milchkuh (Stöber und Dirksen, 1982)

Reserven	Gesamtmenge (kg)	Mobilisierbarkeit	mobile Form
Kohlenhydrate (Glucose und Glycogen aus Blut, Leber, Muskel)	2 bis 3	sehr gut	Glucose
Körperfett (aus Unterhaut und Körperhöhlen)	40 bis 60	gut	freie Fettsäuren, Glycerol
Körpereiweiß (Muskelfleisch)	50 bis 75	gering	Aminosäuren

berverfettung kommen. Die Kuh gelangt jetzt in einen Teufelskreis: Da infolge des starken Körperfettabbaues der Gehalt an freien Fettsäuren im Blut ansteigt, geht die Futteraufnahme zurück, was wiederum die Energieversorgung verschlechtert. Aufgrund des erniedrigten Blutzuckerspiegel wird von der Bauchspeicheldrüse weniger Insulin gebildet. Da Insulin den Aufbau von Körpersubstanz fördert und den Fettabbau hemmt, wird infolge der niedrigen Insulinkonzentration der Körpermasseabbau nochmals verstärkt.

Die entstehenden Ketokörper zirkulieren mit dem Blut im Körper. Sie werden teilweise in der Muskulatur verbrannt, aber auch über die Atemluft und vor allem Milch und Harn ausgeschieden.

Neben dieser energieversorgungsabhängigen Ketose gibt es noch weitere Formen der fütterungsbedingten Ketose (Abb. 2), die aber eine weitaus geringere Bedeutung haben. Futtermittel mit hohen Buttersäuregehalten wie fehlgegorene Silagen können für die Entstehung von Ketosen ursächlich sein. Einerseits wirkt die Buttersäure der Silage direkt mindernd auf die Futteraufnahme (Verschlechterung der Energieversorgung), andererseits beeinträchtigen hohe Buttersäurekonzentrationen im Blut die Glucoseneubildung in der Leber, was wiederum eine Senkung des Blutzuckerspiegels zur Folge hat (Kronfeld, 1956).

Ähnlich ist auch die Wirkung von rohfaserarmen Futterrationen, bei denen im Pansen viel Buttersäure und nur relativ wenig Propionsäure entsteht.

Schließlich können auch Futtermittel mit einem hohen Anteil an kurz- bis mittelkettigen Fettsäuren sowie überhöhte Fettgehalte in der Ration zu Ketosen führen.

Als prädisponierende Faktoren sind die Genetik, bewegungsarme Haltung

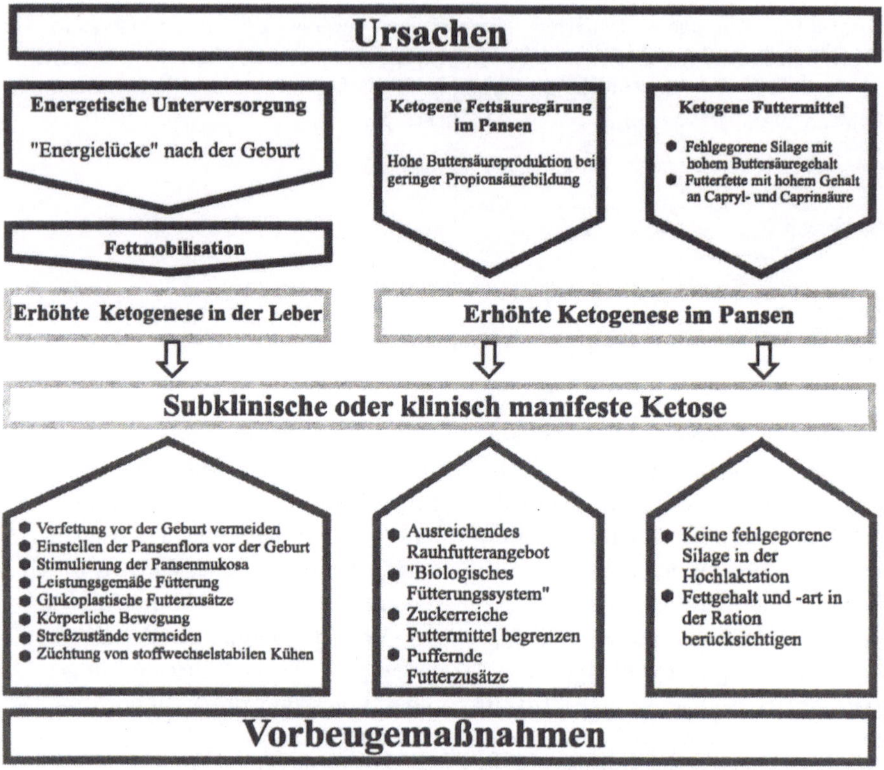

Ursachen

Energetische Unterversorgung
"Energielücke" nach der Geburt

Fettmobilisation

Erhöhte Ketogenese in der Leber

Ketogene Fettsäuregärung im Pansen
Hohe Buttersäureproduktion bei geringer Propionsäurebildung

Ketogene Futtermittel
- Fehlgegorene Silage mit hohem Buttersäuregehalt
- Futterfette mit hohem Gehalt an Capryl- und Caprinsäure

Erhöhte Ketogenese im Pansen

⇩ ⇩ ⇩

Subklinische oder klinisch manifeste Ketose

- Verfettung vor der Geburt vermeiden
- Einstellen der Pansenflora vor der Geburt
- Stimulierung der Pansenmukosa
- Leistungsgemäße Fütterung
- Glukoplastische Futterzusätze
- Körperliche Bewegung
- Streßzustände vermeiden
- Züchtung von stoffwechselstabilen Kühen

- Ausreichendes Rauhfutterangebot
- "Biologisches Fütterungssystem"
- Zuckerreiche Futtermittel begrenzen
- Puffernde Futterzusätze

- Keine fehlgegorene Silage in der Hochlaktation
- Fettgehalt und -art in der Ration berücksichtigen

Vorbeugemaßnahmen

Abb. 2: *Wie aus Fütterungsfehlern Ketosen entstehen können (nach* DIRKSEN, *1995)*

(Anbindestall) sowie klimatische Einflüsse (Nässe und Kälte) zu beachten.

Krankheitserscheinung und Krankheitsfeststellung

Hinsichtlich der Ursachen für eine Ketose ist die Unterscheidung in primäre und sekundäre Ketosen sinnvoll. Von primären Ketosen spricht man, wenn die Ketose als alleinige Erkrankung auftritt. Ist sie jedoch Folge einer anderen Erkrankung, liegt eine sekundäre Ketose vor. Dies ist beispielsweise bei verminderter Futteraufnahme infolge Klauenerkrankungen, Fremdkörper oder Gesundheitsstörungen nach der Geburt der Fall.

Sowohl bei der primären als auch bei der sekundären Ketose ist aus physiologischer Sicht zwischen subklinischer und klinischer Ketose zu unterscheiden. Tiere mit klinisch manifester Ketose zeigen Störungen in der Verdauung mit reduzierter Futteraufnahme (Freßunlust) und Wiederkautätigkeit sowie herabgesetzter Pansenaktivität und trockenem, schleimüberzogenem Kot (digestive Form). Der Harn kann dunkel verfärbt sein. Hinzu kommen Veränderungen im Sensorium (Apathie oder auch Erregung mit Brüllen, Umherirren und ähnliches), sowie in der nervösen Form motorische Störungen (Lähmung, Drang zum Lecken, Speichelfluß). Die Milchleistung geht zurück und die Tiere verlieren stark an Gewicht. Als Folge von Ketosen treten die verschiedensten Fruchtbarkeitsstörungen auf, woraus verlängerte Zwischenkalbezeiten resultieren.

Sind die Ketokörperkonzentrationen in den Körperflüssigkeiten über die Norm erhöht aber noch keine Erscheinungen der klinischen Ketose feststellbar, spricht man von einer subklinischen Ketose. Auch bei der subklinischen Ketose kommt es zu einem Rückgang der Milchleistung um fünf bis 30 Prozent (DIRKSEN, 1995)

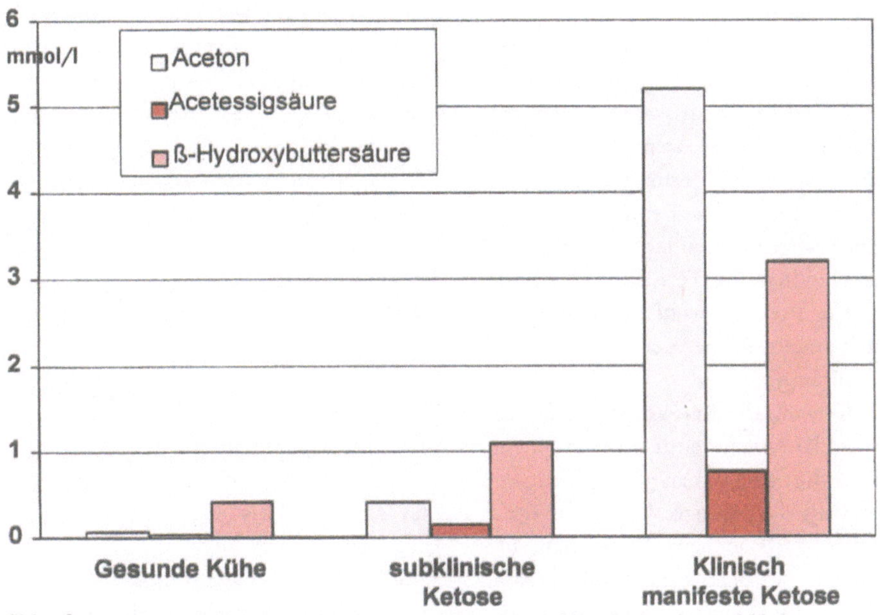

Abb. 3: *Gehalt an Ketokörpern im Blut gesunder, subklinisch sowie klinisch erkrankter Milchkühe (nach FILAR, 1979)*

Die Diagnose der Ketose reicht von den sich bei der klinischen Form zeigenden Allgemeinsymptomen bis hin zu Messungen der Ketokörperkonzentration in Körperflüssigkeiten. Wie Abbildung 3 zeigt, ist auch bei gesunden Milchkühen eine gewisse Menge an Ketoköpern im Blut enthalten, wobei hier der größte Anteil auf die ß-Hydroxybuttersäure entfällt. Bei einer Ketose kommt es zu einem starken Anstieg von Aceton, was sich auch in einem deutlichen Acetongeruch (obstartig, nach Nagellack) in unmittelbarer Nähe der Kuh bemerkbar macht. Auch die Konzentration von Azetessigsäure im Blut steigt an.

Da die Ketokörperkonzentrationen nicht nur im Blut, sondern auch in Harn und Milch ansteigen, stehen alle drei Körperflüssigkeiten für diagnostische Zwecke zur Verfügung. Die größte Verbreitung in der tierärztlichen Praxis haben wegen der einfachen und schnellen Handhabung Tests in Harnproben. Hierfür stehen sowohl Teststäbchen als auch andere Reagenzien (Tabletten) zur Verfügung.

Obwohl die Ketokörperkonzentration in der Milch deutlich niedriger ist als in Blut und Harn, gibt es auch zuverlässige Nachweisverfahren für die Milch (Teststäbchen). In einigen Molkereien wird bereits im Rahmen der Milchleistungsprüfung der Ketokörpergehalt in der Milch mitanalysiert.

Als Grenzwert für eine beginnende subklinische Ketose ist eine Milchacetonkonzentration von 0,250 mmol/l anzusehen (Gravert et al., 1991), bei der klinischen Ketose kann dieser Wert auf bis zu fünf mmol/l ansteigen.

Einen wichtigen und zugleich leicht feststellbaren Hinweis auf eine Ketosegefährdung liefert auch die Milchleistungsprüfung. Stark überhöhte Fettgehalte (fünf bis sieben Prozent) unmittelbar nach dem Kalben (erste und zweite Kontrolle) beruhen auf starker Körperfettmobilisierung und sind Anzeichen der beginnenden oder akuten Acetonämie. In Verbindung mit niedrigen Milcheiweißgehalten (unter 3,0 Prozent) als Indikator für eine schlechte Energieversorgung kann der Milcheiweißquotient berechnet werden (siehe auch Kapitel 04.08, Teil 3), der die diagnostische Aussagefähigkeit der Milchleistungsprüfungsdaten verbessert.

Krankheitshäufigkeit

Ketosegefährdet sind vor allem in den letzten Laktationswochen oder in der Trockenstehzeit durch Fehlfütterung verfettete Milchkühe mit hohen Leistungen. Unter ungünstigen Umständen können 30 bis 60 Prozent aller frischlaktierenden Tiere einer Herde an subklinischer Ketose erkranken. Die klinische Form der Ketose tritt hingegen weit seltener auf, was häufig zu einer Fehleinschätzung bezüglich der tatsächlichen Ketoseproblematik führen kann.

Vorbeugung und Behandlung

Zur Vorbeugung sind alle Maßnahmen zu rechnen, die auf die Beseitigung der auslösenden Faktoren abzielen (siehe Abb. 2). Im Einzelnen sind hierzu zu rechnen:

- Fütterung der altmelkenden Kühe nach Leistung sowie der Trockensteher auf nur vier bis fünf Liter Milchleistung (zusätzlich zum Erhaltungsbedarf), um Verfettung zu vermeiden.
- Wiederkäuergerechte Fütterung zur optimalen Nährstoffverwertung im Pansen
- Ausreichende Energiebereitstellung zu Beginn der Laktation durch hochwertiges Grundfutter und dazu passendes Kraftfutter entsprechend der Leistung, häufige Grundfuttervorlage
- bei gefährdeten Kühen keine großen Mengen von Futtermitteln mit hohen Gehalten an leichtlöslichen Kohlenhydraten (wie Zucker- oder Gehaltsrüben)
- Vermeidung stark buttersäurehaltiger Silagen
- Beachtung des Fettgehaltes (maximal 800 g je Tier und Tag) sowie der Art der Futterfette in der Ration
- Beachtung der Zucht im Hinblick auf ketosegefährdete Linien und Vermeidung von extremen Einsatzleistungen (flache Laktationskurve)

Da es sich bei der Ketose, physiologisch gesehen, um einen Blutglukosemangel handelt, wird in akuten Fällen als Sofortmaßnahme in der Regel vom Tierarzt eine Glukoseinfusion in die Vene vorgenommen. Zur Stimulierung der Glukoseneubildung werden Cortikosteroide injiziert. Zusätzlich wird Natriumpropionat oder Propylenglykol gegeben, woraus im Pansen Propionsäure entsteht, die von der Kuh für die schnelle Glukosebildung genutzt werden kann. Auch die Eingabe von Pansensaft eines gesunden Tieres hat sich bewährt. Zum schnellen »Verbrennen« der Ketokörper wird Bewegung für die Tiere empfohlen. Bei sekundären Ketosen ist die Behandlung der auslösenden Erkrankung unerläßlich.

Besonderheiten im Ökologischen Landbau

Auf den ersten Blick ist es überraschend, daß in ökologischen Milchviehherden die Ketose keine große Bedeutung hat, obwohl im Verhältnis deutlich weniger Kraftfutter als im konventionellen Landbau verfüttert wird. Bei einer Befragung von 268 ökologisch wirtschaftenden Milchviehbetrieben in

Deutschland nennen nur acht Betriebe (drei Prozent) »Acetonämie« als Herdenproblem (KRUTZINNA et al., 1996). In einer vierjährigen Untersuchung zur »Fütterung und Tiergesundheit im ökologischen Landbau«, in der das Auftreten verschiedener Erkrankungen der Milchkühe exakt erfaßt wurde, zeigte sich, daß die klinische Ketose mit einer Häufigkeit von 1,1 Prozent sehr gering war und nur etwa halb so oft auftrat, wie in konventionellen Betrieben (Tabelle 2). Interessanterweise war allerdings in Anbindeställen die Ketosehäufigkeit etwa fünfmal so hoch wie in Laufställen, was die Bedeutung der Bewegungsmöglichkeit der Milchkühe für ihre Gesundheit eindrucksvoll unterstreicht.

Dennoch gibt es auch im ökologischen Landbau Problembetriebe, in denen sechs Prozent der Milchkühe an einer klinischen Ketose erkranken.

Die Tatsache, daß klinische Ketosen im ökologischen Landbau so selten vorkommen, bedeutet nicht automatisch, daß auch weniger Probleme im subklinischen Bereich auftreten. Wenn man aber von einem bestimmten Verhältnis zwischen subklinischen und klinischen Formen der Ketose ausgeht, so bedeutet dies, daß auch die subklinische Form in der ökologischen Milchviehhaltung weniger häufig auftritt als in der konventionellen.

In einer eigenen einjährigen Untersuchung wurden in einer ökologischen Rotviehherde mit 70 Milchkühen nach jeder Abkalbung bis zum 60. Laktationstag in fünftägigem Abstand Milchproben gezogen und auf Aceton und ß-Hydroxybuttersäure analysiert. Dabei wurde nicht eine einzige subklinische oder gar klinische Ketose festgestellt, obwohl die frischmelkenden Tiere nur maximal drei kg Kraftfutter pro Tag

Tabelle 2: Häufigkeit ausgewählter Erkrankungen (ohne Nachbehandlungen) in 15 ökologisch wirtschaftenden Milchviehbetrieben im Zeitraum Oktober 1991 bis September 1995 (n=1.547 Abkalbungen) (KRUTZINNA, 1996).

Erkrankung	Häufigkeit in ökologischen Betrieben				konventionell
	absolut (n)	relativ (%)	bester Betrieb (%)	schlechtester Betrieb (%)	DISTL (1991)
Gebärparese	68	4,4	0,8	13,6	7,7
Azetonämie	17	1,1	0,0	5,9	2,2
Nachgeburtsverhaltung	129	8,3	2,8	14,2	6,1
Gebärmutterentzündung	146	9,4	2,1	19,7	11,2

erhielten. Die Einsatzleistungen bewegten sich etwa um 20 bis 25 kg (Herdendurchschnitt etwa 5.000 kg). Als Erklärung sind die nicht so hohe Einsatzleistung und vor allem die konsequent knappe Fütterung der altmelkenden und trockenstehenden Kühe wahrscheinlich.

Günstig für ein geringeres Auftreten der Ketose im ökologischen Landbau sind auch die in der Regel wiederkäuergerechten Rationen, der Verzicht auf bestimmte, fettreiche Futtermittel (wie Palmkern- oder Kokoskuchen), wodurch vor allem die beiden rechten, in Abbildung 2 dargestellten Ursachenpfade, bedeutungslos werden. Als wichtige Prophylaxemaßnahme ist weiterhin das Bemühen um Bewegungsmöglichkeit (Laufställe, Laufhöfe, Weidegang) für die Tiere zu nennen.

Andererseits zeigt die Praxis einiger Betriebe noch Probleme bei der Silierung und damit auch der Silagequalität, was bei Problembetrieben in der Ursachenforschung beachtet werden sollte. Sofern sekundäre Ketosen vorliegen, sei hier nochmals auf die zwingende Notwendigkeit zur Behandlung der Primärerkrankungen hingewiesen.

Eine umfassende Beurteilung der Ketoseproblematik in der ökologischen Milchviehhaltung steht aber noch aus.

Literatur

BURGSTALLER, G., 1986: *Praktische Rinderfütterung, 4. Auflage, Seite 118. Verlag Eugen Ulmer, Stuttgart*

DIRKSEN, G., 1995: *Ketose? Gezielte Bestandsbetreuung durch Früherkennung! Diagnostik jetzt einfach und schnell aus der Milch! Informationsbroschüre der Hoechst Veterinär GmbH, Unterschleißheim*

DISTL, O., 1991: *Epidemiologische und genetische Analyse von tierärztlichen Daten beim Deutschen Braunvieh. Berliner und Münchener Tierärztliche Wochenschrift Band 104, Seite 375 bis 383*

FILAR, J., 1979: *Über den Gehalt an ß-Hydroxybutyrat, Azetessigsäure und Azeton im Blut von gesunden und Ketose erkrankten Kühen. Wiener Tierärztliche Monatsschrift Band 66, Seiten 377 bis 380*

GRAVERT, H.O., ELISABETH JENSEN, H.HAFEZIAN, K.PABST und H. SCHULTE-COERNE, 1991: *Umweltbedingte und genetische Einflüsse auf den Acetongehalt der Milch. Züchtungskunde Band 63, Seiten 42 bis 50*

KRONFELD, D.S., 1956: *Effect of butyrate administration on blood glucose in sheep. Nature Band 178, Seiten 1290 bis 1296*

KRONFELD, D.S., 1976: *The potential importance of proportions of glucogenic, lipogenic and aminogenic nutrients in regard to the health and productivity of dairy cows. Advances in Animal Physiology and Animal Nutrition Band 7, Seiten 5 bis 26*

Krutzinna, C., 1996: *Einfluß von Fütterung und Fütterungsmanagement auf die Tiergesundheit von Milchkühen im ökologischen Landbau. Vortrag »Ökologische Standortbestimmung und Perspektiven«, Fortbildungsveranstaltung der Akademie für tierärztliche Fortbildung und der Gesellschaft für ökologische Tierhaltung, Hannover*

Krutzinna, C., E. Boehncke und H.J. Herrmann, 1996: *Die Milchviehhaltung im ökologischen Landbau. Berichte über Landwirtschaft Band 74, Seiten 461 bis 480.*

Stöber, M. und G. Dirksen, 1982: *Das Lipomobilisationssyndrom (Verfettungssyndrom) der Milchkuh. Collegium Veterinarium 1981 Seiten 79 bis 88; Beilage zun Praktischen Tierarzt Band 63 (1982)*

Bienenhaltung
Teil 7: Schwarmtrieb und Völkervermehrung

Natürliches Schwarmverhalten, Nutzung des Schwarmtriebes durch den Imker, Lenkung des Schwarmtriebes, Jungvolkbildung, Kunstschwärme, Ableger

Ralph Büchler

Natürliches Schwarmverhalten

Unter natürlichen Bedingungen vermehren sich Bienenvölker ausschließlich durch das Schwärmen (siehe Teil 3). Damit die Völker in Schwarmbereitschaft gelangen, muß die Versorgung mit Futter gut sein, die Brutpflege umfangreich und ein entsprechendes Wachstum der Bienenzahl vorangegangen sein. In der Regel pflegen die Tiere schon viele Wochen vorher Tausende von Drohnenbrutzellen und steuern so dem Höhepunkt ihrer Entwicklung entgegen.

Als erstes Zeichen einer möglichen Schwarmvorbereitung entdeckt der Imker die Anlage von Weiselnäpfchen, charakteristisch geformten Zellen, die im weiteren zur Aufzucht von Königinnen dienen können. Im Gegensatz zu den horizontal ausgerichteten, sechseckigen Zellen der Arbeiter- und Drohnenwaben sind diese Zellen kugelrund und mit einer nach unten gerichteten Öffnung an den Rändern und in Aussparungen der Waben angebaut. Solange die Königin noch keine Eier in diese Zellen ablegt, werden sie als Spielnäpfe bezeichnet. Sobald jedoch bebrütete Königinnenzellen, sogenannte Schwarmzellen, vorliegen, bereitet sich das Volk unmittelbar auf das Schwärmen vor. Die Königin wird dann weniger gefüttert, schränkt ihre Legetätigkeit ein, wird schlanker und dadurch wieder flugfähig.

Sobald im Volk erste verdeckelte Schwarmzellen (Abb.1) vorhanden sind, ist das Volk zu seiner Teilung bereit. In den Mittagsstunden des nächstfolgenden, sonnigen warmen Tages ziehen etwa die Hälfte der Bienen zusammen mit der Königin als sogenannter Vorscharm aus. Die Bienen sammeln sich meist in der Nähe des bisherigen Nistplatzes. Stunden, manchmal erst Tage später, fliegen sie gezielt zu einer neuen Behausung, die zuvor von sogenannten Spurbienen ausfindig gemacht und ausgewählt wurde. Das in die Honigblasen aufgenommene Futter dient dem

Abb. 1: *Verdeckelte Schwarmzelle am unteren Rand einer Brutwabe (Photo:* BRUNO BINDER-KÖLLHÖFER*)*

Schwarm als Vorrat für die ersten Lebenswochen.

Alle Waben und Brut, sowie die übrigen Bienen und Vorräte bleiben im bisherigen Stock zurück. Einige Tage später schlüpft dort die erste Jungkönigin. Je nach der Verfassung des Restvolkes wird sie mit einem weiteren Teil der Bienen als sogenannter Nachschwarm ebenfalls ausziehen oder aber versuchen, durch Töten der übrigen Jungköniginnen ihre alleinige Stockherrschaft durchzusetzen.

Nutzung des Schwarmtriebs durch den Imker

Der Moment des Schwärmens stellt wohl für jeden Betrachter ein erhabenes Schauspiel und für den Imker einen Ausdruck von Vitalität und Überfluß seiner Völker dar. Je nach Trachtverhältnissen und Betriebsweise bildet es eine wesentliche Grundlage für eine wirtschaftliche Bienenhaltung. Ein anschauliches Beispiel hierfür ist Schwarmbetriebsweise von Korbimkereien in Heidetrachtgebieten (Abb.2). Durch die Haltung in relativ engen Körben, Reizfütterungen und nicht zuletzt eine entsprechende Auslese erreicht man ein so frühzeitiges und intensives Schwärmen, daß aus jedem überwinterten Volk etwa drei bis vier zusätzliche Völker bis zum Einsetzen der Heidetracht, etwa im August, aufgebaut werden können. Man muß also nur eine geringe Völkerzahl überwintern und kann die übrigen zur vollständigen Ernte alles eingetragenen Honigs auflösen.

Moderne Beutensysteme ermöglichen durch die gezielte Entnahme einzelner Waben und das Abfegen eines Teils der Bienen eine planvolle Bildung

Abb. 2: *Korbbienenstand in der Lüneburger Heide*

von Jungvölkern als Ableger oder Kunstschwärme. Die ansonsten zeitaufwendige Beobachtung der Völker zum unmittelbaren Abfangen der ausziehenden Schwärme kann entfallen und der Betriebsablauf wird unabhängiger von bestimmten Umwelteinflüssen. Entscheidend wichtig ist eine gezielte Jungvolkbildung insbesondere für solche Betriebe, die auf eine gute Honigernte aus Frühjahrs- und Sommertrachten angewiesen sind. Für sie spielt der Zusammenhalt möglichst starker Völker während dieser Trachtphasen eine besondere Rolle. Daher sind heute die meisten Imkereien auf eine weitgehende Verhinderung von Schwärmen, eine gezielte Jungvolkbildung und die Auslese schwarmträger Bienen ausgerichtet und moderne Imkerlehrbücher geben ausführliche Beschreibungen entsprechend ausgerichteter Betriebsweisen (Grout & Ruttner, 1994; Pfefferle, 1984).

Schwarmtrieblenkung

Viele Faktoren, die der Imker durch seine Eingriffe mitgestaltet, beeinflussen die Ausprägung des Schwarmtriebs. Hierzu zählen das Raumangebot, das Alter und die Qualität der Königin, der Umfang der Bruttätigkeit, Zahl und Altersstruktur der erwachsenen Bienen, die Eiweißversorgung und andere. Daraus leiten sich verschiedene Möglichkeiten zu einer prophylaktischen Eindämmung des Schwarmtriebs ab.

Wichtig ist ein angemessenes Raumangebot. Die Völker sollten stets freie Zellen zur Brutanlage zur Verfügung haben. Bei starker Tracht besteht möglicherweise im Abstand weniger

Tage Bedarf, zusätzliche Zargen aufzusetzten oder volle Honigwaben zu entnehmen. Dabei muß, insbesondere im Hinblick auf eine gute Produktqualität (siehe Teil 9), das Raumangebot der Volksstärke dahingehend angepaßt werden, daß die Bienen alle Brut- und Vorratswaben auch bei niedrigen Außentemperaturen gut belagern können. In der Regel kann bei anhaltender Tracht eine weitere Honigzarge auf- oder zwischengesetzt werden, sobald die vorherige zu etwa zwei Drittel vollgetragen ist.

Das in früheren Zeiten häufig praktizierte Umhängen von Brutwaben in den Bereich des Honigraums (Brutdistanzierung), führt zu einer extremen Störung der natürlichen Brutnestanordnung und beeinflußt unmittelbar den Wärmehaushalt und die Versorgung der Brut. Bei einer naturnahen Imkerei sollte die Brutanordnung grundsätzlich nicht verändert werden. Hierdurch wird auch am ehesten verhindert, das Winterfutterreste in den Bereich des Honigraums gelangen oder Honig aus zuvor bebrüteten, dunklen Waben geerntet wird.

Eine wesentliche Vorkehrung gegen das Auftreten von Schwarmtrieb kann durch eine rechtzeitige Entnahme von Bienen und Brutwaben zur Bildung von Kunstschwärmen und Ablegern erfolgen. Die richtige Wahl von Zeitpunkt und Umfang der Schröpfmaßnahme setzen jedoch einige Erfahrung voraus. Eine zu frühe oder zu starke Entnahme setzt die Völker einem erheblichen Zwang zu verstärkter Brutpflege aus, wie dies nachfolgend noch näher beschrieben wird. Zu einer sicheren Schwarmverhinderung führt auch die Anwendung des Bannwabenverfahrens, das in Teil 8 zur Bekämpfung der Varroatose beschrieben ist.

Sobald die Völker mit der Bebrütung von Schwarmzellen beginnen, ist der Grad des Schwarmtriebs in erster Linie an der Ausprägung des Bautriebs, der Versorgung der Königin und der davon abhängigen Neuanlage von Brutzellen zu beurteilen. Sofern das Volk noch eine harmonische Entwicklung zeigt, kann durch alleiniges Entfernen der angelegten Schwarmzellen das Schwärmen vorerst verhindert werden. Diese Vorgehensweise empfiehlt sich, wenn aufgrund der Entwicklungsbedingungen (Raumangebot, Tracht- und Wetterverhältnisse) ein baldiges Abklingen der Schwarmneigung zu erwarten ist.

Ist jedoch die Gesamtverfassung des Bienenvolkes bereits deutlich vom Schwarmtrieb geprägt, so sollte unmittelbar der Entfaltung dieses Triebes durch eine Aufteilung des Volkes entsprochen werden. Die genaue Vorgehensweise richtet sich nach den Betriebszielen. Soll die Völkerzahl nicht vermehrt werden, so bietet sich die Bildung eines Zwischenablegers in Form der bisherigen Bruträume (Brutling) an, die dicht neben oder oberhalb des Stammvolkes aufgestellt werden. Das Stammvolk erhält die Königin oder aber eine Wabe mit offener Brut zur Nachschaffung von Königinnen, die bienenbesetzten Honigräume und aufgrund ihrer festen Orientierung an dem bisherigen Flugloch alle heimkehrenden Flugbienen (Flugling). Ähnlich der Situation in einem Schwarm entwickeln die Bienen in diesem Volksteil eine starke Bauneigung und verlieren ihre Schwarmneigung, auch wenn zehn bis vierzehn Tage später eine Rückvereinigung mit dem Brutling vorgenommen wird.

Wird hingegen eine Vermehrung der Völkerzahl angestrebt, so lassen sich die Völker dauerhaft aufteilen. Entweder entnimmt man die Königin mit einer begrenzten Zahl von Bienen als Kunstschwarm, oder man entfernt weitgehend alle Brut mit den ansitzenden Jungbienen zur Bildung von Brutablegern. Im ersten Fall muß sich das entweiselte Volk eine Jungkönigin aufziehen, wozu eine der Schwarmzellen belassen oder aber auch Brut besonders ausgewählter Zuchtvölker zugegeben wird. In jedem Fall soll jedoch nur eine Königinnenzelle schlüpfen, da es andernfalls zur Bildung von Nachschwärmen kommen kann.

Jungvolkbildung

Für eine ökologische Imkerei ist die großzügige Erstellung von Jungvölkern Voraussetzung, um kranke, schwache oder in ihrer Entwicklung gestörte Völker auflösen und Verluste, etwa in Folge einer eingeschränkten Varroabekämpfung ausgleichen zu können. Dabei sollte im Sinne eines möglichst geschlossenen Betriebskreislaufes auch in schwierigen Jahren keine Abhängigkeit vom Völkerzukauf aus anderen Imkereien entstehen. Ein steter Überhang an Völkern, der gegebenenfalls Verkaufszwecken dienen kann, ist als sicherer Ausdruck eines gesunden und vitalen Bestandes anzusehen.

Der natürliche Schwarmprozeß offenbart einige Prinzipien, die bei der kontrollierten Jungvolkbildung einer naturgemäßen Imkerei beachtet werden müssen. Große Bedeutung für die Prophylaxe und Eindämmung aller Brutkrankheiten hat die Abtrennung der Bienen von der Brut und den Waben des alten Volkes. Sporen und an die Brut gebundene Erregerstadien sowie wachsgebundene Rückstände aus Imissionen und der Anwendung von Chemikalien werden dabei zurückgelassen. Dieses Prinzip läßt sich nur bei einem Aufbau von Jungvölkern durch Kunstschwärme konsequent umsetzen.

Kunstschwärme

Hierzu werden bevorzugt jüngere Bienen von Honig- und Brutwaben entsprechend starker Völker in eine verschließbare, belüftete Schwarmkiste oder Zarge abgefegt. Je nach Jahreszeit und der noch im Jahresablauf zu erwartenden Entwicklung müssen diese Schwärme über eine Mindeststärke von 1,5 kg (im Mai) bis 2,5 kg (im Juli) verfügen. Sie müssen unmittelbar mit einer Königin versehen werden. Hierzu kann, entsprechend dem natürlichen Vorbild, die Stockmutter des Spendervolkes oder eine junge Königin aus gezielter Aufzucht dienen. Um eine zügige und sichere Entwicklung zu gewährleisten, sollte diese einige Wochen im Voraus aufgezogen werden (siehe Teil 6) und, eingesetzt in kleine Völkchen, bereits begattet worden sein.

Hierzu eignen sich spezielle Begattungskästchen. Sie müssen gut isoliert sein, über mehrere Wäbchen, einen Mindestbesatz von etwa 120 gr Bienen und eine ausreichende Versorgung mit Futterteig oder Honig verfügen (Abb. 3 und 4). Unter diesen Voraussetzungen kann sich die junge Königin in ihren ersten Lebenswochen optimal entwikkeln, ihre Samenblase nach der Paarung mit einem großen Spermienvorrat füllen und ihre Geschlechtsorgane zur vollen Reife entwickeln.

Die Kunstschwärme sind vor dem Einlogieren in eine neue Beute zwei bis drei Tage verschlossen und dunkel aufzustellen. In dieser Phase wachsen die zufällig ausgewählten Bienen und die Königin zu einer neuen Einheit zusammen und stellen sich auch physiologisch auf die neuen Entwicklungsumstände

Abb. 3: *Begattungskästchen mit Futtervorrat und Platz für vier kleine Waben*

Abb. 4: *Die Begattungskästchen werden mit etwa 120 g, das entspricht 1.000 Bienen, gefüllt*

ein. Da, anders als beim natürlichen Schwärmen, die Arbeiterinnen ihre Honigblasen vorm Verlassen des Volkes kaum füllen konnten, müssen die Kunstschwärme bald gefüttert werden.

Nachdem sich der Schwarm konsolidiert hat, wird er in eine leere Beute eingesetzt. Dies kann am frühen Morgen oder späteren Abend durch das Ausstoßen vor das Flugloch eines Kastens passieren, durch das die Bienen dann nach kurzer Zeit wie ein Naturschwarm in gesammelter Schar einziehen, oder durch Einstellen der geöffneten Kunstschwarmkiste in eine im oberen Bereich mit Rähmchen ausgestattete Beute (Abb. 5). Da hierbei nicht die Gefahr besteht, daß zuviele Bienen unmittelbar auffliegen und dem Volk verloren gehen, kann dies unabhängig von der Tageszeit praktiziert werden.

Die Bautätigkeit und weitere Entwicklung der Schwärme hängt vom Fut-

Abb. 5: *Zum Einlogieren werden die Kunstschwarmkästen vor dem Öffnen in eine Leerzarge eingestellt. Darüber kommt eine Zarge mit Baurahmen und eine Futterzarge (Vordergrund).*

tereintrag ab. Wenn keine gute Nektartracht besteht, müssen die jungen Völker wiederholt mit Honig- oder Zuckerlösung gefüttert werden. Schwärme bauen in der Regel sehr zügig und harmonisch neue Waben und neigen im Jahr ihrer Bildung kaum zur Anlage von Drohnenbau. Sie eignen sich daher in besonderer Weise zur Ausführung von Naturbau, bedürfen also keiner Vorgabe von Mittelwänden (siehe Teil 4).

Ableger

Alternativ zur Kunstschwarmbildung kann ein planmäßiger Jungvölkeraufbau über Ableger erfolgen. Man bildet sie mit mindestens zwei bis drei verdeckelten Brutwaben, die seitlich durch Futter- und Pollenwaben ergänzt werden (Abb. 6). Die Waben müssen gut mit Bienen besetzt sein. Nach Möglichkeit werden die Ableger auf einem einige Kilometer entfernten Stand aufgestellt, damit keine Flugbienen zum Ursprungsvolk zurückkehren. Falls dies nicht möglich ist, muß der Flugbienenverlust von vorneherein durch eine stärkere Jungbienenzugabe kompensiert werden. Die Ableger werden vorzugsweise durch Zugabe einer schlupfreifen Königinnenzelle beweiselt oder können gegebenenfalls selber eine Königin aus junger Arbeiterinnenbrut aufziehen. In jedem Fall entsteht so ein gewisser zeitlicher Abstand zwischen dem Schlupf der zugegebenen Brut und der Verdecklung der ersten neuen Brut. Dieser kann zu einer wirkungsvollen Varroabekämpfung durch Einsatz einer Fangwabe oder durch eine Behandlung, zum Beispiel mit Milchsäure (siehe Teil 8), genutzt werden.

Der einfacheren Bildung eines Ablegers im Vergleich zum Kunstschwarm steht der Nachteil eines unvollständigen

Abb. 6: *Ablegerbildung: Drei verdeckelte Brut- und zusätzliche Futterwaben werden in eine Magazinzarge eingehängt und seitlich durch ein Schied begrenzt.*

Neubeginns gegenüber. Um die Risiken einer Krankheits- und Rückstandsverschleppung gering zu halten, sollten für die Ablegerbildung nur relativ junge, helle Waben ohne irgendwelche Krankheitserscheinungen herangezogen werden. Die Erweiterung kann bei günstiger Tracht mit Mittelwänden erfolgen. Naturbau führen Ableger in der Regel mit hohen Anteilen an Drohnenbau aus, was in der Folge zu einer starken Förderung der Varroavermehrung führen würde (siehe Teil 4).

Entsprechend dem natürlichen Vorbild des Schwärmens muß bei jeder Form der Jungvolkbildung auf eine angemessene Volksstärke und die jahreszeitliche Entwicklungsmöglichkeit geachtet werden. Bienenvölker streben natürlicherweise eine bestimmte Volksstärke an. Solange diese Volksstärke nicht erreicht wird, versuchen sie durch verstärkte Brutanlage entsprechendes Wachstum zu erreichen (Abb. 7). Dies führt bei zu schwachen Einheiten zu einem verspäteten Brutabschluß im Herbst, verbunden mit einer schlechteren Winterbienenqualität und einer verringerten Widerstandskraft gegenüber schwierigen Umweltbelastungen.

Dem Imker bietet das kompensatorische Wachstumsbestreben der Völker die Möglichkeit, durch die Bildung schwacher Einheiten eine besonders starke Vermehrung seiner Bienen vorzunehmen. Versuche belegen jedoch, daß Völker, die bis zu ihrer Leistungsgrenze Brutpflege betreiben müssen, anfälliger als normale Einheiten auf Umweltbelastungen reagieren (WESTERHOFF & BÜCHLER, 1994). Unter natürlichen Gegebenheiten verfügen gesunde Völker

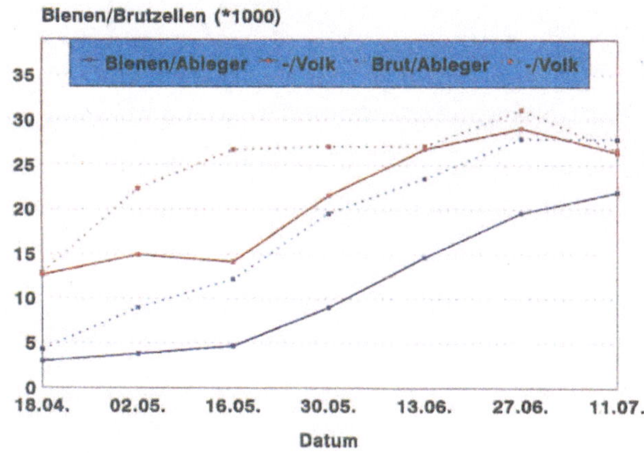

Abb. 7: *Die Entwicklung der Bienen- und Brutzellzahl schwach überwinterter Ableger im Vergleich zu normalen Völkern vom 18.04. bis 11.07.1992*

stets über gewisse Reserven zum Ausgleich besonderer Belastungssituationen. Betriebsweisen, die von vorneherein die Leistungsgrenze der Organismen ausreizen, wie dies in vielen modernen Intensivhaltungsverfahren der Fall ist, lassen sich daher nicht mit den Ansprüchen einer ökologischen Tierhaltung vereinbaren.

Literatur

Grout, R.A., Ruttner, F. (1994): *Beute und Biene, 3. Aufl., Ehrenwirth, München*

Pfefferle, K. (1984): *Imkern mit dem Magazin. 6.Aufl., Selbstverlag, Münstertal*

Westerhoff, A., Büchler, R. (1994): *Die Entwicklung kleiner Überwinterungs-Ableger im Vergleich zu Vollvölkern. Allg. Deut. Imkerztg. 28 (9), 12-17*

Zusammenfassung

Bienenvölker vermehren sich durch die Bildung von Schwärmen. Während dies bei bestimmten Betriebsweisen unmittelbar genutzt wird, spielt für die meisten Imkereien die Einschränkung des Schwarmtriebs eine zentrale Rolle. Trachtphasen können dadurch mit möglichst starken Völkern optimal genutzt werden.

An die Stelle des natürlichen Schwärmens tritt ein gezielter Aufbau von Jungvölkern, vorzugsweise durch die Bildung von Kunstschwärmen. Diese ermöglichen eine im Vergleich zu Ablegern bessere Krankheitsprophylaxe und die Ausführung von Waben im Naturbau. Das Einhalten bestimmter Mindeststärken trägt zur Widerstandsfähigkeit der Völker bei.

Sektion 07, Verarbeitung, Lagerung

– Weitere Beiträge in Vorbereitung –

Backwaren
Teil 1: Brotbacken auf dem Hof

Fragen vor Beginn, Grenzen und Gefahren eines Gewerbebetriebes, Vorteile

EBBA BAUER

Fragen vor Beginn

Das uralte Kulturgut »Brot« hat archetypischen Charakter. Es beinhaltet die Summe aller Nahrungsmittel, die Erfüllung elementarer Grundbedürfnisse der Menschheit und der Sicherung des Lebens. Begriffe wie urwüchsig, nahrhaft, gesund, ja sakral werden mit Brot verbunden, es ist Symbol für Verwandlung in der christlichen Religion.

Selbstgebackenes Bauernbrot wird in der Regel begleitend zu landwirtschaftlichen und gärtnerischen Produkten angeboten. In den Frühjahrsmonaten, in denen letztere eher spärlich vorrätig sind, dient es dem Hofladen zur Erhaltung des Kundenstammes und sichert die Kontinuität des gesamten Absatzes.

Dem Verbraucher liegt das Brotbakken durch eigene Haushaltserfahrung näher als Käsebereitung oder Kartoffelanbau und eröffnet so direkt das Verständnis für den gesamten Landbau:

Brot spiegelt den Jahreslauf von der Saat des Getreides bis zur Ernte und bietet dem interessierten Kunden Einblick in die Kreisläufe des biologisch bewirtschafteten Hofes: Getreide-Saatgut-Futter-Stroh-Mist-Düngung, Fruchtbarkeit schlechthin. Es zeigt die Abhängigkeit auch einer gesättigten Gesellschaft von der Natur und von der Tätigkeit des Bauern.

Brotbacken ist die einzige bäuerliche Veredelung, die sich bis heute erhalten hat. In ländlichen Gegenden wird oft noch für den Eigenbedarf in Holzöfen gebacken; alte Backhäuser werden wieder benutzt: je primitiver, desto elitärer. Backen und Essen als Ritual. Das übliche Bäckerhandwerk kann an diesem Nimbus nicht mehr teilhaben, wohl aber ein Bauernhof, der mit seinem Brotsortiment ein unverwechselbares Hof-Image aufbauen kann.

Hat ein Kunde sein Lieblingsbrot entdeckt, wird er seiner nie überdrüssig.

Vorteile

Brotbacken macht Freude, ist ein einträgliches Geschäft und dient der Existenzsicherung der Landwirtschaft.

Bald sind die Investitionen erwirtschaftet, pro dt Getreide kann ein Umsatz von DM 700,– bis DM 800,– erzielt werden.

Niedriger Technisierungsgrad, wenig Lärm, verhältnismäßig leicht erfüllbare Hygieneanforderungen und ein geringes Risiko unterscheiden das Backen von der Milch- oder Fleischverarbeitung. Nach einigen Stunden ist das Produkt fertig und bedarf keiner weiteren Pflege mehr. Grundkenntnisse sind für den Anfang erforderlich, Brotbacken kann eigentlich jede(r), doch tauchen mit tieferem Eindringen – wie gewöhnlich – immer mehr Fragen auf.

Meist wird diese Tätigkeit von der Bäuerin übernommen, da sie anfänglich gut in die übrige Haushaltsarbeit eingebaut werden kann. Viel Aufmerksamkeit und Anstrengung sind nötig und mit steigendem Bedarf muß für Entlastung der Bäuerin gesorgt werden. Das kann für den Bauern selbst Frühstück richten und Kinderwickeln bedeuten. Nie sollte ein Mitarbeiter das Backen selbständig übernehmen, das Know-how muß bei den letztendlich Verantwortlichen bleiben. Zudem vertritt die Bäuerin ihr Produkt vor den Verbrauchern, ist Ansprechpartnerin und wirkt mit an der Vertrauensbildung zwischen Produzent und Konsument.

Vor Beginn sollte sich die Hoffamilie oder -gemeinschaft folgende Fragen klar beantworten:

- Ist die Nachfrage und ein Markt für Brot vorhanden?
- Sind Werbemaßnahmen durchzuführen, wer organisiert sie?
- Hat jemand Interesse, das Brotbacken zu übernehmen?
  Hat der/die Betreffende Zeit dazu, kann er/sie Hilfe erwarten?
- Wo sind die Möglichkeiten der Weiterbildung?
- Könnte der/die Bäcker/in auch früh gegen 5:00 Uhr beginnnen (Stallarbeit)?
- Wer schreibt Rechnungen und übernimmt die Buchführung für die EG-Kontrolle?
- Platzreserven? Kosten für den Ausbau?
- Investitionsvolumen und Kapitaldienst?
- Vorkalkulation und eventuelle Begrenzung?

Vorsicht!

Dreißig Prozent des Hoferlöses dürfen aus der zweiten Verarbeitungsstufe stammen. Sobald diese Grenze überschritten ist, muß die Bäckerei aus steuerlichen Gründen ausgegliedert werden. Nach Handwerksrecht muß jedoch ein Bäckereigewerbe von einem Meister mit »großem Befähigungsnachweis« geführt werden.

Abb. 1: *Zum Brotbacken sind verhältnismäßig geringe Grundkenntnisse nötig.*

Gefahren

Im Bäckereihandwerk herrschen noch recht konservative Ansichten. Sehr wenige Bäcker haben Interesse an Vollkornbackwaren, die Nische wird erst langsam entdeckt. Junge biologisch orientierte Bäckermeister sind gewöhnlich nicht an einem Leben auf dem Bauernhof interessiert, außerdem sind sie in ihrem Beruf nicht ausgelastet. Nehmen sie doch eine Stelle auf dem Hof an, steigen die Lohnkosten unverhältnismäßig. Die Bäckerei wird zum Selbstläufer, exisitert um ihrer selbst willen und kann die Landwirtschaft nicht mehr unterstützen.

Nicht umsonst hat sich das Handwerk in den Städten selbständigen Raum geschaffen. Wir gehen im Grunde zurück ins Mittelalter, sind arbeitswirtschaftlich unrationell, was technische Ausrüstung und Fachwissen anbelangt, wenn wir nicht neue Gesichtspunkte verfolgen:

- Kundenbindung an den Hof
- Bewußtseinsweckung für die Landwirtschaft
- Vertrauen in die Qualität der Produkte

....

Sektion 09, Verbraucher

09.02 Vollwerternährung

Teil 1: Allgemeine Grundlagen

von Claus Leitzmann

(Stand: Dezember '96)

Teil 2: Definition der Vollwerternährung

von Claus Leitzmann

(Stand: April '97)

Vollwert-Ernährung Teil 2: Definition der Vollwert-Ernährung

Bevorzugung pflanzlicher Lebensmittel, Bevorzugung gering verarbeiteter Lebensmittel, reichlicher Verzehr unerhitzter Frischkost, Zubereitung genußvoller Speisen aus frischen Lebensmitteln, Vermeidung von Zusatzstoffen, Vermeidung bestimmter Technologien, Verwendung von Lebensmitteln aus ökologischem Anbau, Bevorzugung von regionalen und saisonalen Produkten, Bevorzugung unverpackter Lebensmittel, Vermeidung von Schadstoffemissionen, Verminderung von Veredelungsverlusten, Bevorzugung von Produkten aus sozialverträglichen Bedingungen; Bewertung der Grundsätze

Claus Leitzmann

Für die Definition der Vollwert-Ernährung als umfassende Konzeption sind wenige Worte nicht ausreichend. Eine Definition ist dennoch erforderlich und hilfreich.

Vollwert-Ernährung ist eine überwiegend lakto-vegetabile Ernährungsweise, bei der gering verarbeitete Lebensmittel bevorzugt werden. Gesundheitlich wertvolle Lebensmittel werden zu genußvollen Speisen zubereitet. Die hauptsächlich verwendeten Lebensmittel sind Vollkornprodukte, Gemüse und Obst, Kartoffeln, Hülsenfrüchte sowie Milch und Milchprodukte, daneben können auch geringe Mengen an Fleisch, Fisch und Eiern enthalten sein. Etwa die Hälfte der Nahrungsmenge besteht aus unerhitzter Frischkost. Die Zubereitung erfolgt schonend und mit wenig Fett, aus frischen Lebensmitteln. Nahrungsmittel mit Zusatzstoffen werden vermieden.

Zusätzlich zur Gesundheitsverträglichkeit der Ernährung werden auch die Umweltverträglichkeit und die Sozialverträglichkeit des Ernährungssystems berücksichtigt. Das bedeutet unter anderem, möglichst ausschließlich Erzeugnisse aus anerkannt ökologischer Landwirtschaft zu verwenden sowie Erzeugnisse aus regionaler Herkunft und entsprechend der Jahreszeit zu bevorzugen. Weiterhin werden unverpackte oder umweltschonend verpackte Lebensmittel ausgewählt sowie umweltverträgliche Produkte und Technologien verwendet. Außerdem werden landwirtschaftliche Erzeugnisse bevorzugt, die unter sozialverträglichen Bedingungen erzeugt, verarbeitet und vermarktet werden (zum Beispiel Fairer Handel mit Entwicklungsländern).

Mit Vollwert-Ernährung sollen hohe Lebensqualität – besonders Gesundheit –, Schonung der Umwelt und soziale Gerechtigkeit weltweit gefördert werden.

Auf der Basis der dargestellten Ansprüche an eine gesundheits-, umwelt- und sozialverträgliche Ernährungsweise wurden die *12 Grundsätze der Vollwert-Ernährung* konzipiert (Tabelle 1).

Bevorzugung pflanzlicher Lebensmittel (überwiegend lakto-vegetabile Ernährungsweise)

In Deutschland und anderen Wohlstandsländern ist die *derzeitige Ernährungssituation* durch eine zu hohe Fettzufuhr und eine hohe Proteinaufnahme sowie durch eine zu niedrige Aufnahme an komplexen Kohlenhydraten und Ballaststoffen gekennzeichnet. So setzt sich die durchschnittliche Nahrungsenergiezufuhr aus etwa 39 % Fett, 14 % Protein, 42 % Kohlenhydraten und 5 % Alkohol zusammen. An Ballaststoffen werden im Durchschnitt 26 g/Tag aufgenommen (HESEKER u.a.

Tabelle 1: Grundsätze der Vollwert-Ernährung (v. KOERBER u.a. 1994, Seite 98)

- Bevorzugung pflanzlicher Lebensmittel (überwiegend lakto-vegetabile Ernährungsweise)
- Bevorzugung gering verarbeiteter Lebensmittel (Lebensmittel so natürlich wie möglich)
- Reichlicher Verzehr unerhitzter Frischkost (etwa die Hälfte der Nahrungsmenge)
- Zubereitung genußvoller Speisen aus frischen Lebensmitteln, schonend und mit wenig Fett
- Vermeidung von Nahrungsmitteln mit Zusatzstoffen
- Vermeidung von Nahrungsmitteln aus bestimmten Technologien (wie Gentechnik, Food Design, Lebensmittelbestrahlung)
- Möglichst ausschließliche Verwendung von Erzeugnissen aus anerkannt ökologischer Landwirtschaft (nach den Rahmenrichtlinien der AGÖL oder IFOAM)
- Bevorzugung von Erzeugnissen aus regionaler Herkunft und entsprechend der Jahreszeit
- Bevorzugung unverpackter oder umweltschonend verpackter Lebensmittel
- Vermeidung oder zumindest Verminderung der allgemeinen Schadstoffemission und dadurch der Schadstoffaufnahme durch Verwendung umweltverträglicher Produkte und Technologien
- Verminderung von Veredelungsverlusten durch geringeren Verzehr tierischer Lebensmittel
- Bevorzugung landwirtschaftlicher Erzeugnisse, die unter sozialverträglichen Bedingungen erzeugt, verarbeitet und vermarktet werden (zum Beispiel Fairer Handel mit Entwicklungsländern)

Diese Grundsätze gelten als praktische Orientierung.

1992, Seiten 177 und 179). Die Empfehlungen für die Nährstoffzufuhr der Deutschen Gesellschaft für Ernährung lauten dagegen: 25 bis 30 % der Energiezufuhr als Fett, etwa 10 % als Protein und etwa 60 % als Kohlenhydrate; mindestens 30 g Ballaststoffe pro Tag (nach DGE 1992, Seiten 17 bis 39).

Weil Kohlenhydrate fast nur in pflanzlichen Lebensmitteln vorkommen, tierische Lebensmittel dagegen häufig viel Fett und Protein enthalten, liegt es nahe, pflanzliche Lebensmittel in den Vordergrund zu stellen und den Verzehr tierischer Lebensmittel zu vermindern.

Zahlreiche wissenschaftliche Studien sowie klinische Erfahrungen mit *Vegetariern* zeigen, daß ovo-lakto-vegetabile Kostformen (pflanzliche Kost mit Milchprodukten und Eiern) gesundheitlich vorteilhafter sind als eine Ernährung mit derzeit üblichen Mengen an Fleisch sowie Fleisch- und Wurstwaren (LEITZMANN und HAHN 1996).

Lebensmittel pflanzlicher Herkunft weisen in der Regel eine *hohe Nährstoffdichte* auf, das heißt ein günstiges Verhältnis von essentiellen (lebens- und zufuhrnotwendigen) Nährstoffen zur Nahrungsenergie. Mit relativ wenig Nahrungsenergie können damit reichlich essentielle Nährstoffe aufgenommen werden. Demgegenüber enthalten tierische Lebensmittel teilweise erhebliche Mengen unerwünschter Inhaltsstoffe, wie gesättigte Fettsäuren, Cholesterin und Purine.

Die *gesundheitsfördernden Inhaltsstoffe*, wie Ballaststoffe und sekundäre Pflanzenstoffe, finden sich fast ausschließlich in pflanzlichen Lebensmitteln.

Ballaststoffe ist ein Sammelbegriff für die Bestandteile pflanzlicher Lebensmittel, die von den menschlichen Verdauungsenzymen nicht abgebaut werden können. Sie üben aufgrund ihrer Faserstruktur, ihrem Wasserbindungsvermögen oder ihrer Adsorptionsfähigkeit zahlreiche physiologische Funktionen aus. Zu nennen sind beispielsweise erhöhter Kauaufwand, erhöhte Speichelsekretion, höhere Sättigungswirkung, normalisierte Darmpassagezeit, niedrigere und gleichmäßigere Blutzuckerverläufe sowie verminderte Blutcholesterinspiegel. Ballaststoffe finden sich nicht in tierischen Lebensmitteln.

Die Gruppe der *sekundären Pflanzenstoffe* sind Substanzen, die Pflanzen nicht im primären Stoffwechsel, sondern sekundär über verschiedene Stoffwechselwege aufbauen. Dazu gehören Farb- und Aromastoffe. Die wichtigsten Gruppen sind Carotinoide, Phytosterine, Saponine, Flavonoide, Protease-Inhibitoren, schwefelhaltige Substanzen, Phenolsäuren und Monoterpene. Viele sekundäre Pflanzenstoffe finden bisher zu wenig Beachtung, obwohl sie vielfältige gesundheitsfördernde Wirkungen auf den Organismus ausüben können (Tabelle 2).

Für die Gesunderhaltung ist eine hohe Zufuhr von Ballaststoffen und sekundären Pflanzenstoffen wünschenswert. Dieses gelingt nur mit überwiegend pflanzlichen, möglichst gering verarbeiteten Lebensmitteln.

Neben den gesundheitlichen Vorteilen trägt ein geringerer Verzehr tierischer Produkte zur Lösung bestimmter *ökologischer* und *sozialer* Probleme bei. Dies gilt beispielsweise für die Realisierung der ökologischen Landwirtschaft, für die derzeitige Verschwendung von pflanzlicher Nahrung bei der »Veredelung« zu tierischen Lebensmitteln und für die Problematik des Futtermittelimports aus Entwicklungsländern (siehe unten).

Tabelle 2: Gesundheitsfördernde Wirkungen von sekundären Pflanzenstoffen (nach Watzl und Leitzmann 1995)

- antikanzerogen
- antioxidativ
- antimikrobiell
- antithrombotisch
- entzündungshemmend
- immunmodulierend
- Blutdruck-regulierend
- Cholesterinspiegel-senkend
- Blutzucker-regulierend
- verdauungsfördernd

Bevorzugung gering verarbeiteter Lebensmittel (Lebensmittel so natürlich wie möglich)

Die grundlegenden Arbeiten von Kollath (1960) beinhalten primär, daß bei wenig verarbeiteten Lebensmitteln die Wahrscheinlichkeit am größten ist, alle für Leben, Gesundheit und Wohlbefinden notwendigen Inhaltsstoffe noch in vollem Umfang zu enthalten. Denn bei den meisten Verfahren der *Lebensmittelverarbeitung* werden wertgebende Inhaltsstoffe vermindert, zerstört oder abgetrennt, die Nährstoffdichte wird also herabgesetzt; gleichzeitig erhöht sich oft die Energiedichte.

So treten Vitaminverluste beim Erhitzen der Lebensmittel oder Abtrennung essentieller Nährstoffe bei der Herstellung von Auszugsmehlen ein. Dies betrifft außerdem die Ballaststoffe und die sekundären Pflanzenstoffe. Nur in Ausnahmefällen werden durch Verarbeitungsmaßnahmen ernährungsphysiologisch wünschenswerte Inhaltsstoffe vermehrt, beispielsweise beim Ankeimen von Samen oder bei der Milchsäuregärung von Milch, Gemüse oder Obst.

Die Orientierung an der *Naturbelassenheit* beziehungsweise am *Verarbei-*

tungsgrad der Lebensmittel hat den entscheidenden Vorteil, daß Verbraucher dieses Prinzip leicht verstehen und anwenden können und somit in der Lage sind, sich ohne komplizierte Nährstoffberechnungen bedarfsgerecht zu ernähren (MEIER-PLOEGER 1994). Dies führte zur Einteilung der Lebensmittel in Wertstufen (Tabelle 1 in Teil 3).

Die Lebensmittel so natürlich wie möglich zu belassen (Kollath 1983), ist auch Grundlage des *Begriffs »Vollwert-Ernährung«*. Denn Lebensmittel, die möglichst wenig verarbeitet sind, besitzen noch den vollen Wert der natürlicherweise vorhandenen Inhaltsstoffe und werden deshalb als »vollwertig« bezeichnet. Von der DGE wird unter »vollwertig« etwas anderes verstanden, nämlich die bedarfsgerechte Zusammensetzung einer ganzen Kostform (oder zumindest einer Mahlzeit) im Sinne der DGE-Empfehlungen für die Nährstoffzufuhr (DGE 1992); hiermit ist demnach eigentlich »bedarfsgerecht« gemeint.

Nach dieser Definition ist kein einzelnes Lebensmittel vollwertig, da in keinem einzelnen Lebensmittel alle essentiellen Nährstoffe in ausreichender Menge und im gewünschten Verhältnis vorhanden sind (außer in der Muttermilch für den Säugling im ersten halben Lebensjahr). Die Vollwert-Ernährung als Ganzes gesehen ist auch in diesem Sinne vollwertig, beinhaltet aber primär den ursprünglichen Gehalt an Inhaltsstoffen.

Eine Lebensmittelverarbeitung sollte nur in dem Maße erfolgen, wie es zur *Gewährleistung der gesundheitlichen Unbedenklichkeit* sowie der Genußfähigkeit und Bekömmlichkeit erforderlich ist. So müssen beispielsweise Kartoffeln erhitzt werden, damit die Stärke verkleistert und verdaulich wird. Auch Hülsenfrüchte sollten erhitzt werden, um toxische Inhaltsstoffe zu zerstören. Viele Lebensmittel, vor allem die meisten pflanzlichen, können jedoch unverarbeitet oder wenig verarbeitet verzehrt werden (siehe unten).

Lebensmittel, die nicht oder gering verarbeitet sind, enthalten häufig auch weniger Fett als verarbeitete Lebensmittel und insbesondere als viele Fertigprodukte. Außerdem sind bei gering verarbeiteten Lebensmitteln keine Lebensmittelzusatzstoffe notwendig. Die geringere Verarbeitung erfüllt zusätzlich die Forderung nach einer Verminderung des Primärenergieverbrauchs (siehe unten).

Reichlicher Verzehr unerhitzter Frischkost (etwa die Hälfte der Nahrungsmenge)

Alle in unerhitzter Form verzehrfähigen und genießbaren pflanzlichen und teilweise auch tierischen Lebensmittel zählen zur Frischkost (Rohkost). Als *Orientierung* gilt, daß etwa die Hälfte der Nahrungsmenge als unerhitzte Frischkost verzehrt werden sollte (Abb. 1). Für empfindliche oder ältere Menschen kann auch ein geringerer Frischkostanteil empfehlenswert sein. Diese Empfehlung läßt sich umsetzen, wenn beispielsweise morgens ein Frischkornmüsli mit Früchten, Nüssen oder Samen sowie Vorzugsmilch verzehrt wird. Mittags und abends bieten sich Salate aus frischem Gemüse und Obst in allen Variationen an (auch in milchsaurer Form, sofern unerhitzt). Für Zwischenmahlzeiten eignen sich hervorragend frisches Obst und bestimmte Gemüse sowie Nüsse und Samen.

Gegenüber erhitzter Kost bietet unerhitzte Frischkost zahlreiche *Vorteile*. Mit ihr werden alle in den Lebensmitteln enthaltenen essentiellen und gesundheitsfördernden Inhaltsstoffe in ursprünglich vorhandener Menge zugeführt, da sie nicht durch Hitzeeinwirkung oder Auslaugen ins Kochwasser vermindert werden. Dies gilt auch für

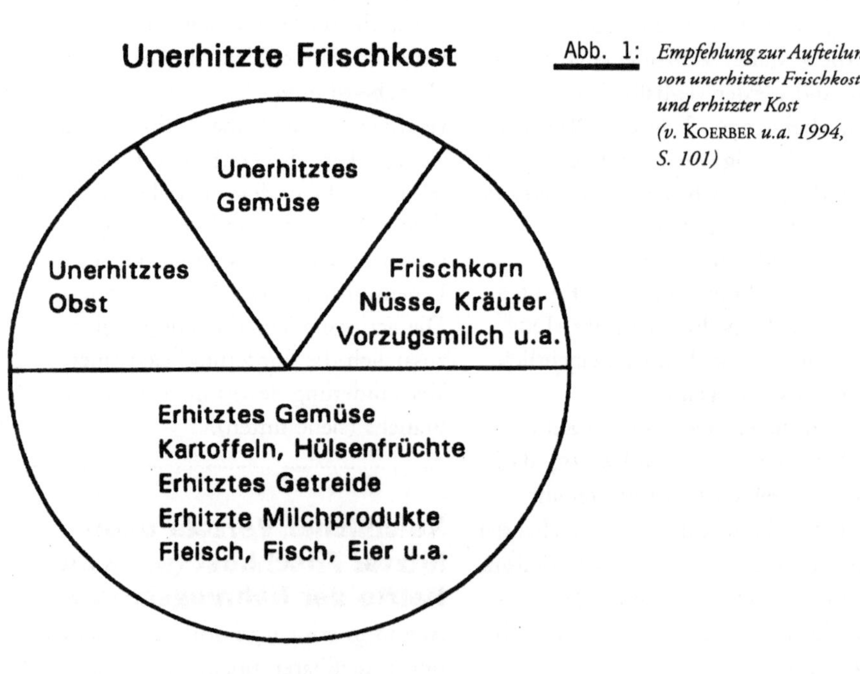

Abb. 1: *Empfehlung zur Aufteilung von unerhitzter Frischkost und erhitzter Kost (v. KOERBER u.a. 1994, S. 101)*

die sekundären Pflanzenstoffe, die teilweise flüchtig, hitzelabil oder oxidationsempfindlich sind. Auch die Ballaststoffe haben in unerhitzter Form eine stärkere Wirksamkeit als nach Erhitzung der Lebensmittel.

Der Verzehr unerhitzter Frischkost intensiviert das Kauen, wirkt dadurch positiv auf Zähne und Zahnfleisch und verstärkt das Einspeicheln. Intensives Kauen führt auch zu einer höheren Sättigungswirkung, da im gleichen Zeitraum weniger Nahrungsenergie aufgenommen werden kann und die physiologischen Sättigungsmechanismen erst eine gewisse Zeit nach Verzehrbeginn wirksam werden. Besonders wenn die Frischkost als Vorspeise (oder auch als komplette Mahlzeit) verzehrt wird, entsteht ein Sättigungsgefühl, bevor zuviel Nahrung aufgenommen wurde, was bekanntlich zu Übergewicht und einer Reihe von Folgeerkrankungen führt.

Zubereitung genußvoller Speisen aus frischen Lebensmitteln, schonend und mit wenig Fett

Bei der Vollwert-Ernährung stehen der *Genuß* und die *Freude* beim Essen keineswegs im Widerspruch zu den gesundheitlichen, ökologischen und sozialen Ansprüchen. Im Gegenteil, es können vielmehr neue Geschmackserlebnisse entdeckt werden, beispielsweise durch bisher nicht verwendete oder in Vergessenheit geratene Getreidearten (wie Grünkern und Hirse), Gemüsearten (wie Kürbis und Pastinaken), Hülsenfrüchte oder Kräuter und Gewürze.

Bei der Zubereitung der Speisen sollten *frische Lebensmittel* verwendet werden, um einen Wertverlust durch Konservierung zu vermeiden. Auch sachgerecht aufbewahrtes Lagergemüse oder Lagerobst zählen zu den frischen Lebensmitteln, ebenfalls milchsauer vergorenes Gemüse und Obst.

Voraussetzung für eine möglichst weitgehende Erhaltung des Eigengeschmacks und der wertgebenden Inhaltsstoffe ist die *schonende Zubereitung* der Speisen. Die beste Zubereitung ist die rein mechanische Bearbeitung ohne Hitzeanwendung (Frischkost). Soll Gemüse gegart werden, führt möglichst kurzes Dünsten mit wenig Wasser zu den geringsten Verlusten an Nährstoffen.

Um die Gesamtfettaufnahme niedrig zu halten, sollte die Zubereitung der Speisen mit *wenig Fett* erfolgen. Für Salatsoßen bieten sich beispielsweise Dickmilch oder Joghurt statt saurer Sahne und Öl an. Braten sollte, wenn überhaupt, nur mit wenig Fett durchgeführt werden.

Vermeidung von Nahrungsmitteln mit Zusatzstoffen

Die Verwendung von Lebensmittelzusatzstoffen dient mehreren Zwecken:

- Beeinflußung sensorischer Eigenschaften von Lebensmitteln (beispielsweise Farb- und Aromastoffe, Geschmacksverstärker, Süßstoffe)
- Erhöhung des Gehalts an bestimmten Inhaltsstoffen (beispielsweise Vitamine)
- Verlängerung der Haltbarkeit (Konservierungsstoffe, Antioxidationsmittel)
- Vereinfachung technischer Prozesse der Lebensmittelverarbeitung (beispielsweise Emulgatoren, Stabilisatoren, Dickungs- und Säuerungsmittel)

Gesundheitliche Risiken von Zusatzstoffen können trotz gesetzlicher Regelungen und erforderlicher Zulassung durch das Bundesinstitut für gesundheitlichen Verbraucherschutz und Veterinärmedizin nicht ausgeschlossen werden. So wurden beispielsweise die Konservierungsstoffe Propionsäure, Salizylsäure, Borsäure und Hexamethylentetramin zunächst zugelassen und nach einigen Jahren aufgrund später festgestellter toxikologischer Wirkungen wieder verboten. Die bestehende Unsicherheit bei Lebensmittelzusatzstoffen ist auch daran erkennbar, daß bestimmte Zusatzstoffe in Deutschland erlaubt, in anderen Ländern jedoch verboten sind. Auch umgekehrte Beispiele sind bekannt.

Es bestehen grundsätzliche Bedenken, weil die für Lebensmittelzusatzstoffe festgelegten ADI-Werte (*a*cceptable *d*aily *i*ntake = duldbare Tagesaufnahme) nur jeweils für einen einzelnen Zusatzstoff gelten. Mögliche Auswirkungen durch die Wechselwirkungen mehrerer Zusatzstoffe untereinander sowie von Zusatzstoffen mit Schadstoffen sind nicht berücksichtigt (ARBEITSGEMEINSCHAFT DER VERBRAUCHERVERBÄNDE 1992).

Es stellt sich die Frage, ob Lebensmittelzusatzstoffe, insbesondere Farb- und Aromastoffe, überhaupt »notwendig« sind. Die Lebensmittelindustrie argumentiert, daß bestimmte Produkte, wie Schmelzkäse, Margarine und Limonade, ohne Zusatzstoffe nicht herstellbar sind. Fraglich ist, ob solche Produkte wirklich erforderlich sind. Kritiker warnen vor einer *möglichen Verbrauchertäuschung* durch den Einsatz von Zusatzstoffen (ARBEITSGEMEINSCHAFT DER VERBRAUCHERVERBÄNDE 1992).

Damit wird eine Entwicklung im Lebensmittelsektor unterstützt, die die »Verbrauchererwartung« derart normiert, daß jede Abweichung vom gewohnten Geschmack oder von einer Produktfarbe nicht mehr akzeptiert wird. Natürliche Lebensmittel werden teilweise so verfremdet, daß ihr Ursprung nicht mehr oder kaum noch erkennbar ist. Die vielfältigen Geschmackserlebnisse, die naturbelassene Nahrungsmittel bieten, werden verlernt und durch künstliche Reize ersetzt.

Die moderne Lebensmittelverarbeitung führt häufig zu Farb- und Aromaverlusten; möglicherweise ist aber auch die Qualität der verwendeten Rohstoffe für die Verbraucher wenig attraktiv. Aus diesen Gründen werden Aromastoffe, Farbstoffe und Geschmacksverstärker (wie Glutamat) verwendet, um die unbefriedigende Qualität dieser Nahrungsmittel »aufzubessern« und sie dadurch für den Verzehr überhaupt erst ansprechend erscheinen zu lassen.

Beispielsweise werden die meisten Fruchtjoghurts mit Aromastoffen hergestellt, weil die verwendeten Früchte in der zugegebenen Menge offensichtlich nicht die gewünschte Geschmacksintensität besitzen. In diesem Fall wäre das »ehrliche Produkt« ohne Zusatzstoffe mit mehr beziehungsweise intensiver schmeckenden Früchten oder ganz ohne Früchte (Naturjoghurt) hergestellt.

Die Verwendung von Lebensmittelzusatzstoffen ist in der Vollwert-Ernährung nicht erforderlich, weil empfohlen wird, überwiegend frisch verarbeitete Grundnahrungsmittel und keine Fertigprodukte zu verzehren.

Vermeidung von Nahrungsmitteln aus bestimmten Technologien (wie Gentechnik, Food Design, Lebensmittelbestrahlung)

Die Verbraucher werden zunehmend mit neuartigen Lebensmitteln und Lebensmittelzutaten konfrontiert, beziehungsweise ist mit deren Einführung zu rechnen. Das sind unter anderem folgende Produkte:

- Lebensmittel, Zusatz- und Hilfsstoffe, die gentechnisch hergestellt werden
- Pflanzen und Tiere, die gentechnisch verändert sind
- Lebensmittel-Zutaten und Erzeugnisse (wie Fettersatzstoffe oder Einzellerprotein), die chemisch modifiziert oder neu synthetisiert werden

Produkte dieser Art werden unter dem Begriff *Novel Food* zusammengefaßt. Mit deren steigender Produktion und industrieller Verarbeitung gewinnt das sogenannte *Food Design* an Bedeutung, das heißt die Zusammensetzung neuartiger Produkte aus isolierten pflanzlichen beziehungsweise tierischen Rohstoffen sowie Hilfs- und Zusatzstoffen. Außerdem wird innerhalb der Europäischen Union über eine Verordnung zur Lebensmittelbestrahlung verhandelt.

Diese Technologien werden zur Erzeugung oder Verarbeitung von Lebensmitteln in der Vollwert-Ernährung abgelehnt, denn ihr Nutzen ist fragwürdig und die potentiellen Risiken ihrer Anwendung für Gesundheit, Umwelt und Gesellschaft sind noch nicht befriedigend geklärt (v. KOERBER u. a. 1994, S. 105 ff)..

Gentechnik ist der gezielte Einsatz technischer Mittel auf molekularer Ebene, um die Erbinformationen von Mikroorganismen, pflanzlichen, tierischen oder menschlichen Zellen mit einer bestimmten Zielsetzung zu nutzen. Im Agrar- und Lebensmittelsektor hat die Gentechnik unter anderem in folgenden Bereichen Eingang gefunden:

- Gentechnisch veränderte Mikroorganismen und Zellen höherer Organismen können in großem Maßstab Einzelsubstanzen herstellen (Enzyme, Lebensmittelzusatzstoffe, Futterzusatzstoffe, Pestizide und andere).
- Gentechnisch modifizierte Mikroorganismen können in allen herkömmlichen Fermentationsverfahren eingesetzt werden (Braugewerbe, Fleisch- und Milchverarbeitung und andere).
- Gentechnisch veränderte Pflanzen (transgene Pflanzen) können entweder bezüglich landwirtschaftlicher Produktionseigenschaften »verbessert« oder mit lebensmitteltechnologisch bedeutsamen Eigenschaften ausgestattet werden.
- Gentechnisch modifizierte Tiere (transgene Tiere) sollen beschleunigte Produktions- und Reproduktionsleistungen sowie erhöhte Krankheitsresistenz aufweisen oder wirtschaftlich bedeutsame Substanzen produzieren, wie Pharmazeutika oder Humanmilch.

Weder die Erzeugung noch die Verarbeitung von Lebensmitteln mit Hilfe gentechnischer Verfahren ist in Deutschland derzeit zugelassen.

Potentiell bedeutet die Neukombination genetischen Materials Gefahrenpotentiale für die *Gesundheit*, die zumeist nicht näher erforscht und daher nur schwer abzuschätzen sind. Das genetische Material, das infolge eines Gentransfers in Zellen eingebracht wird, ist zwar im Regelfall genau bekannt; nicht näher bekannt ist zumeist jedoch der genetische Hintergrund, das heißt das Erbmaterial des Zielorganismus, in den es eingeschleust wird. Daher können durch den Gen-Eingriff völlig neue, unvorhergesehene Stoffwechselwege induziert werden, so daß die Synthese gesundheitsschädlicher Substanzen generell möglich ist.

Außerdem ist denkbar, daß durch Genaustausch zwischen »harmlosen« gentechnisch veränderten Mikroorganismen und Darmbakterien des Menschen giftige Stoffe oder krankheitserregende Mikroorganismen entstehen können. Werden mit Hilfe gentechnisch veränderter Mikroorganismen isolierte Inhaltsstoffe (Enzyme, Aminosäuren und andere) erzeugt, ist es möglich, daß außer den gewünschten Stoffen auch giftige oder Allergie-auslösende Begleitstoffe produziert werden, die nicht vollständig aus dem gewünschten Endprodukt entfernt werden können.

Für ein *Ökosystem* birgt die Freisetzung veränderter Gene ein nicht einschätzbares Potential für ungewollte und unkontrollierbare genetische Neukombinationen. Im Gegensatz zur Großfermentation gibt es für die Freisetzung gentechnisch veränderter Organismen keine langjährige oder übertragbare Sicherheitsforschung und -erfahrung und nur eine eingeschränkte Prognostizierbarkeit und Kontrollierbarkeit der Auswirkungen. Die Rückholung einmal freigesetzter Gene ist praktisch unmöglich, zumal der Austausch von Genen in der Natur mit viel höherer Effizienz erfolgt als unter Laborbedingungen.

Multinationale Pharmakonzerne versuchen unter anderem durch Forschungs- und Entwicklungszusammenarbeit, die traditionell in *Entwicklungsländern* erfolgende Produktion weltwirtschaftlich bedeutender Rohstoffe, wie Zuckerersatzstoffe (beispielsweise Glucosesirup), Vanille oder Kakao, durch bio- beziehungsweise gentechnische Produktionsverfahren in *Industrieländern* zu ersetzen. Die Folgen wären einschneidende Einkommensverluste für die Entwicklungsländer und damit die Verschärfung der Schulden- und Armutskrise (siehe unten).

Auch die Landwirte in den Industrieländern werden voraussichtlich weiter an Bedeutung verlieren und noch stärker als bisher in die Abhängigkeit der Saatgut-, Lebensmittel- und Pharmaindustrie geraten, wenn sie künftig Rohstoffe erzeugen, die den Qualitätsansprüchen der Lebensmittelindustrie angepaßt werden, bei der die Gentechnik beteiligt ist.

Im *Lebensmittelbereich* ermöglicht die Anwendung der Gentechnik eine rationellere, kostengünstigere und effektivere Erzeugung und Verarbeitung von Lebensmitteln. Der Nutzen für die Verbraucher ist jedoch fragwürdig, weil die Gentechnik unter anderem den Trend zu stark verarbeiteten Produkten verstärkt. Angesichts der potentiellen Risiken ist eine prinzipielle Nichtanwendung gentechnischer Verfahren bei der Erzeugung und Verarbeitung von Lebensmitteln zu fordern. Da ein Verbot heute jedoch nicht mehr durchsetzbar erscheint, wird für alle Produkte, die mit Hilfe gentechnischer Verfahren hergestellt wurden, zumindest eine *Kennzeichnungspflicht* gefordert.

Nach Ansicht der Verbraucher- und Umweltverbände sind die gesetzlichen Regelungen zu gentechnisch erzeugten Lebensmitteln und Lebensmittelzutaten völlig unzureichend (ARBEITSGEMEINSCHAFT DER VERBRAUCHERVERBÄNDE 1992).

Die Zusammenstellung neuartiger Produkte aus normierten pflanzlichen oder tierischen Rohstoffen wird als *Food Design* bezeichnet. Dabei werden Hilfs- und Zusatzstoffe so eingesetzt, daß durch das Zusammenwirken von optischen Eindrücken, Geschmacks- und Geruchsreizen sowie Temperatur- und Konsistenzeigenschaften bestimmte »Eßerlebnisse« beim Verbraucher ausgelöst werden.

Die Produkte aus Food Design reichen vom Snack- und Süßwarenbereich (Chips, Kräcker, Riegel und anderen) über die Entwicklung von Diät- und »Light«-Produkten (Erfrischungsgetränke, Fruchtquarks und anderen) bis hin zur Herstellung von Milch-, Käse-, Butter- und Fleischimitaten (Kaffeeweißer, Formfleisch und anderen). Eine weitere Anwendungsmöglichkeit des Food Design besteht darin, Produkte, die bisher als Abfall entsorgt werden mußten, zu einsetzbaren Nahrungsbestandteilen zu verändern.

Ob Food Design zu einer Verbesserung der Lebensmittelqualität führt, muß bezweifelt werden. Auch wenn bei neukonstruierten oder nachgemachten Produkten häufig mit einzelnen Gesundheitsaspekten geworben wird, ist der Gesundheitswert von den Verbrauchern kaum zu beurteilen, da es sich in der Regel um völlig neue Zusammensetzungen handelt. Food Design ist durch die Verwendung von Rohstoffen gekennzeichnet, die in der Regel hochverarbeitet sind, so daß essentielle Nährstoffe verändert werden oder verloren gehen. Gleichzeitig ist davon auszugehen, daß bei bestimmten Produktgruppen eine Vielzahl von Zusatzstoffen und technischen Hilfsstoffen eingesetzt werden muß.

Die *Bestrahlung von Lebensmitteln* mit ionisierenden Strahlen ist ein physikalisches Verfahren zur Haltbarmachung von Lebensmitteln. Als Strahlungsquelle wird heute überwiegend das Radioisotop Kobalt-60 verwendet, das bei seinem radioaktiven Zerfall Gamma-Strahlen abgibt.

In Deutschland gilt seit 1960 ein generelles Verbot für die Bestrahlung von Lebensmitteln. Im Zuge der Rechtsangleichung innerhalb der Europäischen Union ist allerdings mit einer auf einzelne Lebensmittel beschränkten Zulassung zu rechnen, die dann mit einer Kennzeichnung einhergehen soll (Stand 1996).

Lebensmittel, die mit einer Strahlungsdosis von bis zu zehn Kilogray bestrahlt wurden, sind in toxikologischer, ernährungsphysiologischer und mikrobiologischer Hinsicht annehmbar, behauptet die Weltgesundheitsorganisation WHO 1988 (Seite 32).

Diese gesundheitliche Bewertung wird von verschiedenen Wissenschaftlern angezweifelt (v. KOERBER u. a. 1994, Seiten 105 ff). Die Wissenschaftler fordern weitere Forschungen darüber, ob bestrahlte Nahrung eventuel das Erbgut verändert oder gar Krebs auslöst. Es gibt eine Vielzahl von wissenschaftlichen Untersuchungen, die sowohl inhaltlich als auch methodisch die Aussagen und Begründungen der WHO nicht teilen.

Die Reihe der Gegenargumente ist lang:

- Toxinbildner können bei selektiver Abtötung von Mikroorganismen unerkannt überleben
- Besonders hinsichtlich Fetten und Vitaminen besteht eine Verminderung der ernährungsphysiologischen Qualität
- Da wirkliche Frische nicht erkennbar ist, besteht die Möglichkeit der Verbrauchertäuschung
- Alternativverfahren machen die Notwendigkeit der Bestrahlung umstritten
- Es entsteht eine zusätzliche radioaktive Belastung der Umwelt

Möglichst ausschließliche Verwendung von Erzeugnissen aus anerkannt ökologischer Landwirtschaft (nach den Rahmenrichtlinien der AGÖL beziehungsweise IFOAM)

Die Produktion von Nahrungsmitteln aus konventioneller Landwirtschaft führte zu *Umweltbelastungen* in Industrie- und Entwicklungsländern (beispielsweise Schadstoffeintrag in Luft, Boden und Wasser, Erosion und Verdichtung der Böden, Artendezimierung bei Pflanzen und Tieren, Unterbrechung natürlicher Kreisläufe, hoher Energie- und Ressourcenverbrauch). Hinzu kommt der mögliche Schadstoffeintrag in Lebensmittel (beispielsweise Rückstände von Pestiziden, Wachstumsregulatoren und Tierarzneimitteln, Nitratbelastung im Trinkwasser). Die ökologische Landwirtschaft bietet für die genannten Probleme eine vernünftige Alternative (ESCHRICHT und LEITZMANN 1995).

Dabei trifft nicht »nur« die mangelnde Umwelt- und Gesundheitsverträglichkeit vieler konventionell erzeugter Lebensmittel verstärkt auf Kritik, sondern auch der häufig wenig ausgeprägte Eigengeschmack, beispielsweise bei Tomaten oder Karotten. Auch Spitzenköche und Feinschmecker schätzen aus Geschmacksgründen

Erzeugnisse aus anerkannt ökologischem Anbau sowie aus artgerechter Tierhaltung, die noch nicht weit verbreitet ist.

Es gibt neun Verbände der ökologischen Landwirtschaft, die in der Arbeitsgemeinschaft Ökologischer Landbau (AGÖL) organisiert sind. Gemeinsame Grundlage sind die »Rahmenrichtlinien zum ökologischen Landbau« (Tabelle 3). Die einzelnen Verbände haben darüber hinaus eigene Erzeugungsrichtlinien, die teilweise noch strenger gefaßt sind. Auf internationaler Ebene gibt es Richtlinien, die von der International Federation of Organic Agriculture Movements (IFOAM) herausgegeben werden.

Die Einhaltung der genannten Richtlinien wird in jedem Betrieb verbandsintern überprüft. Nur wenn alle Vorschriften eingehalten werden, darf ein ökologisch bewirtschafteter Betrieb seine Produkte unter dem geschützten Warenzeichen vermarkten.

Die *EU-Öko-Kennzeichnungs-Verordnung* ist seit 1993 in Kraft. Sie definiert für alle Mitgliedsländer der Europäischen Union, unter welchen Bedingungen ein landwirtschaftliches Erzeugnis produziert und kontrolliert werden muß, damit es beispielsweise als »Erzeugnis aus ökologischem Landbau« angeboten werden darf. Sie umfaßte 1993 allerdings nur pflanzliche Produkte.

Tabelle 3: Richtlinien der anerkannt ökologischen Landwirtschaft (nach Arbeitsgemeinschaft Ökologischer Landbau 1991 sowie Hermanowski und Roehl 1991, Seiten 5 bis 13)

Verboten ist auf der gesamten Fläche eines Betriebs der Einsatz von:

- chemisch-synthetischen Pestiziden (Herbiziden, Insektiziden, Fungiziden und andere)
- mineralischen Stickstoffdüngern und sonstigen leicht löslichen Mineraldüngern
- chemisch-synthetischen Wachstumsregulatoren
- Futtermitteln aus Entwicklungsländern
- Tierarzneimitteln als Futterzusatzstoffe
- Tieren mit genmanipuliertem Erbgut (auch Embryonentransfer)

Weitere Grundsätze der ökologischen Landwirtschaft sind unter anderem:

- Erhaltung und Förderung der Bodenfruchtbarkeit mit organischem Düngematerial aus dem Betrieb
- Auswahl standortangepaßter Arten und Sorten
- vielseitige Fruchtfolge
- Erzeugung gesunder Pflanzen- und Tierbestände (artgerechte Tierhaltung)
- an die Betriebsfläche gebundener Nutztierbestand
- geringstmöglicher Verbrauch nicht erneuerbarer Energie- und Rohstoffvorräte
- Pflege und Erhaltung der Kulturlandschaft.

Die Anforderungen der AGÖL-Verbände gehen unter anderem bezüglich der Gesamtbetriebsumstellung und der Einbeziehung der tierischen Erzeugung deutlich über die EU-Öko-Verordnung hinaus. So schreibt die EU-Öko-Verordnung vor, daß ein pflanzliches Lebensmittel mit dem Hinweis auf eine ökologische Anbauweise gekennzeichnet werden darf, wenn mindestens 70 Prozent der Zutaten aus dieser Anbauweise stammen. Die Rahmenrichtlinien der Arbeitsgemeinschaft Ökologischer Landbau gehen darüber hinaus, indem sie für ihre Produkte einen Anteil von mindestens 95 Prozent fordern.

Verbraucher, die bewußt handeln, erkennen die Notwendigkeit, neben dem Streben nach ihrer eigenen Gesundheit auch einen Beitrag zum Umweltschutz zu leisten. Sie können dies durch den Erwerb von Erzeugnissen aus anerkannt ökologischer Landwirtschaft erreichen. Der teilweise deutlich höhere *Preis* von ökologisch erzeugten Lebensmitteln hat komplexe Ursachen. Der Preisanstieg für Lebensmittel nach dem Zweiten Weltkrieg war in Relation zu sonstigen Preissteigerungen unter anderem deshalb so gering, weil eine Industrialisierung der landwirtschaftlichen Produktion massiv vorangetrieben wurde, die ökonomischen Zielsetzungen den Vorrang vor allen anderen Zielen einräumte (wie Sicherung bäuerlicher Existenzen, Erhaltung stabiler Ökosysteme, Vermeidung von Schadstoffeintrag, artgerechte Nutztierhaltung).

Betriebe, die in der anerkannt ökologischen Landwirtschaft sowie im Lebensmittelhandwerk und -handel nicht nach diesem einseitig ökonomischen Prinzip wirtschaften, benötigen für ihre Produkte höhere Preise. Diese sind jedoch aus ökologischer und sozialer Sicht gerechtfertigt. »Billige« konventionell erzeugte Lebensmittel können langfristig gesehen ökologisch und sozial sehr teuer werden.

Bevorzugung von Erzeugnissen aus regionaler Herkunft und entsprechend der Jahreszeit

Die Nahrungsmittel im Handel stammen größtenteils nicht aus der umliegenden Region und entsprechen vielfach auch nicht der jeweiligen Jahreszeit. Zur Versorgung der Bevölkerung mit Lebensmitteln erfolgen deshalb umfangreiche *Transporte*. Die weitaus größte Menge der Lebens- und Futtermittel wird in Deutschland mit LKWs transportiert (80 Prozent, lediglich 6 Prozent mit der Bahn und 13 Prozent mit dem Schiff (BUNDESMINISTER FÜR VERKEHR 1991, Seiten 354 bis 359 und 378 bis 385).

Transporte erfordern große Mengen an Energie (nicht nur Kraftstoff oder Strom zur Fortbewegung, sondern teilweise auch für die Kühlung der Lebensmittel) und verursachen Schadstoffemissionen und Lärmbelastungen sowie zusätzliche Kosten. Dabei ist der Gütertransport mit der Bahn wesentlich weniger energieaufwendig und mit viel geringeren Emissionen verbunden als der mit LKWs.

Trotzdem werden immer mehr Transporte auf die Straße verlagert, unter anderem, weil die Aufwendungen für dadurch verursachte Umweltschäden bisher nicht bei den Transportkosten berücksichtigt werden. Zur Verminderung dieser Transporte sollten Lebensmittel aus *regionalen Anbaugebieten* gegenüber Produkten von weit her bevorzugt werden.

Auch die Direktvermarktung (vom Erzeuger ohne Zwischenhandel direkt an die Verbraucher, eventuell über gemeinsame Marktstände mehrerer Bauern) ist zu unterstützen. Dadurch wird ein Beitrag zur Existenzsicherung heimischer kleiner und mittlerer landwirtschaftlicher Betriebe und damit zur Erhaltung der bäuerlich geprägten Kulturlandschaft sowie zur Vermeidung von Verpackungen geleistet.

Der Einkauf und Verzehr von Gemüse und Obst entsprechend der jeweiligen *Jahreszeit* bedeutet, im Winter beispielsweise keinen grünen Salat und keine Tomaten aus Treibhausanbau zu kaufen, weil dafür ein hoher Energieeinsatz zum Heizen erforderlich ist. Außerdem entstehen bei Treibhausanbau große Mengen an Müll (beispielsweise Plastikfolien und Basaltwolle, auf der ein Teil des Gemüses kultiviert wird).

Ferner weisen Erzeugnisse aus Treibhaus- oder Folienanbau wegen mangelnder Sonnenlichteinstrahlung höhere Nitratgehalte auf als saisongerecht im Freiland gereiftes Gemüse und Obst. Darüber hinaus ist wegen der intensiven Anbauform teilweise ein vermehrter Pestizideinsatz notwendig.

Deshalb sollten im Winter winterharte Gemüse, wie Feldsalat oder Grünkohl, sowie lagerfähige Gemüse- und Obstsorten bevorzugt werden, beispielsweise Kohl, Möhren, Rote Bete, Lauch und Sellerie beziehungsweise Äpfel und Birnen sowie milchsaure Gemüse.

Bevorzugung unverpackter oder umweltschonend verpackter Lebensmittel

Etwa die Hälfte des Hausmüll-Volumens beziehungsweise etwa dreißig Prozent des Hausmüll-Gewichts sind *Verpackungen.* Der Verpackungsanteil besteht wiederum zu etwa neunzig Prozent des Gewichts aus Verpackungen von Lebensmitteln (UMWELTBUN-

DESAMT 1989, Seite 79). Von den Packstoffen im Lebensmittelsektor nimmt Glas den ersten Rang ein, gefolgt von Papier und Pappe, Metallen sowie Kunststoffen. Den größten Anteil am Verpackungsaufwand erfordern Getränke sowie Obst und Gemüse (UMWELTBUNDESAMT 1989, Seite 81).

Weder durch Deponieren, noch durch Verbrennen oder Wiederverwerten des Mülls wird die Ressourcenverschwendung bei der Herstellung von Verpackungen unterbunden; vielmehr sollte ein Anreiz zur *Müllvermeidung* und zum vermehrten Einsatz von Mehrwegverpackungen geschaffen werden, um die Umweltprobleme zu verringern.

Die bevorzugten Lebensmittel in der Vollwert-Ernährung können großenteils unverpackt oder ohne aufwendige Verpackungen gehandelt werden. Beispiele hierfür sind Getreide, Gemüse, Obst, Kartoffeln und Hülsenfrüchte in mehrfach verwendbaren Tüten oder Säcken sowie Milchprodukte in Pfandgläsern oder hauseigenen Behältnissen.

Vermeidung beziehungsweise Verminderung der allgemeinen Schadstoffemission

Das Problem der kontinuierlichen Schadstoffaufnahme sollte grundlegend gelöst werden. Dazu muß eine Vermeidung beziehungsweise Verminderung der allgemeinen Umweltbelastung durch Emissionen in allen gesellschaftlichen Bereichen angestrebt werden, also in Haushalten, Verkehr, Handwerk, Industrie und Landwirtschaft. Die an die Umwelt abgegebenen Substanzen finden sich teilweise als *Umweltkontaminanten* in der Luft, in Lebens- und Futtermitteln sowie im Trinkwasser wieder und können auf diese Weise zu einer gesundheitlichen Gefährdung für Pflanzen, Tiere und Menschen werden. Zusätzlich zur Schadstoffverminderung wird die Reduzierung des Energie- und Rohstoffverbrauchs angestrebt. Insofern betrifft dieser Grundsatz nicht nur den Ernährungsbereich.

Der Kauf von *umweltfreundlichen Produkten* trägt dazu bei, daß Produkte mit möglichst wenig Energie- und Rohstoffaufwand sowie geringen Schadstoffemissionen hergestellt werden. Beispiele hierfür sind Mehrwegverpackungen, Umweltschutzpapier und umweltverträgliche Putz- und Waschmittel. Entsprechendes gilt für den Kauf von Haushaltsgeräten und anderem.

Umweltverträgliche Technologien, die bereits entwickelt worden sind (beispielsweise Wasser- und Windmühlen zum Getreidemahlen, Solartechnik zur Wärme- und Energieerzeugung, Gütertransporte und Personenverkehr mit der Bahn, Müllvermeidungskonzepte), sollten flächendeckend eingesetzt werden. Wenn ökologisch verträgliche Verfahren noch fehlen, ist deren Entwicklung mit hoher Priorität zu unterstützen.

Für eine *zeitgemäße Ernährung* sollte eine möglichst energiesparende und ressourcenschonende Erzeugung, Verarbeitung, Vermarktung und Zubereitung der Lebensmittel erfolgen. Im Bereich der Lebensmittelverarbeitung weist die Zucker- und Süßwarenindustrie den weitaus höchsten Primärenergieverbrauch im produzierenden Ernährungsgewerbe auf. Energie- und rohstoffaufwendige Verfahren, wie die Hitze- und Gefrierkonservierung, sollten sparsam eingesetzt werden. Erforderliche Erhitzungsprozessse bei der Verarbeitung und Zubereitung der Lebensmittel sollten zur Energieeinsparung so kurz wie möglich eingesetzt werden.

Verminderung von Veredelungsverlusten durch geringeren Verzehr tierischer Lebensmittel

Zur Produktion von Fleisch, Milch und Eiern wird heute oft Nahrung eingesetzt, die auch direkt der menschlichen Ernährung dienen könnte (beispielsweise Getreide und Hülsenfrüchte, besonders Sojabohnen). So werden fast zwei Drittel des in Deutschland geernteten Getreides in der Tierfütterung verwendet. Dies ist als große *Verschwendung* anzusehen und besonders den zahlreichen hungernden Menschen in Entwicklungsländern gegenüber verantwortungslos.

Bei der Umwandlung zu tierischen Produkten gehen durchschnittlich 65 bis 90 Prozent der Nahrungsenergie und des Proteins pflanzlicher Futtermittel verloren, das heißt, nur etwa zehn bis 35 Prozent der eingesetzten Futtermittel bleiben in Form tierischer Erzeugnisse erhalten (Strahm 1985, Seiten 46 bis 47). Von der gleichen Ackerfläche könnten folglich sehr viel mehr Menschen ernährt werden, wenn die darauf angebaute Nahrung nicht für die Erzeugung tierischer Produkte ver(sch)wendet würde. Eine Lösung des Welternährungsproblems ist daher bei einem hohen Anteil an tierischen Lebensmittel praktisch nicht realisierbar.

Neben den sozialen Problemen durch Veredelungsverluste treten auch *Umweltprobleme bei der Massentierhaltung* auf, wie die Beseitigung der Gülle, die Geruchsbelästigung und die angebliche Notwendigkeit zum noch intensiveren Futtermittelanbau. Ein geringerer Verzehr tierischer Produkte würde einen verminderten Bedarf an Futtermitteln nach sich ziehen und damit einen weniger intensiven, also ökologisch verträglicheren Anbau ermöglichen. Dieser Grundsatz zeigt die Vernetzung im Ernährungssystem besonders deutlich.

Bevorzugung landwirtschaftlicher Erzeugnisse, die unter sozialverträglichen Bedingungen produziert, verarbeitet und vermarktet werden

Weltweiter Handel mit landwirtschaftlichen Erzeugnissen ist alter Brauch. Die jeweiligen Boden- und Klimaverhältnisse in den einzelnen Regionen sind Standortfaktoren, die kaum beeinflußbar sind. Die Lohnkosten dagegen sind weltweit extrem unterschiedlich. Menschen in sogenannten Entwicklungsländern erhalten bei gleichem Zeiteinsatz nur einen Bruchteil der Löhne der Bevölkerung in Industrieländern. Diese niedrigen Löhne sind (schon seit Beginn der Kolonialzeit) ein charakteristisches Merkmal der sogenannten *internationalen Arbeitsteilung*, die sich für die meisten Menschen in Entwicklungsländern sozial sehr ungünstig auswirkt. Die Vorteile liegen bei uns.

Die Nachteile entstehen durch Bedingungen, die bei der Produktion, Verarbeitung und Vermarktung von Lebensmitteln und anderen landwirtschaftlichen Rohprodukten derzeit üblich sind und auf allen Ebenen durch die Machtposition wohlhabender Staaten unterstützt werden. Folglich tragen die Industrieländer, aber auch die einzelnen Verbraucher, eine Mitverantwortung für die Situation der Menschen in den wirtschaftlich armen Ländern.

Die Existenzbedrohung der Bauern in der Europäischen Union ist ein Beispiel schlechter Sozialverträglichkeit des Ernährungssystems in den *Industrieländern*. Die von der EU-Agrarpolitik geförderte Integration der bäuerlichen Landwirtschaft in die moderne Industrie- und Dienstleistungsgesellschaft führte zu einer Industrialisierung und Konzentrierung der Landwirtschaft. In Europa konnten sich kleine und mittlere Betriebe häufig nicht an diese Entwicklung anpassen. Seit 1949 fielen in den alten Bundesländern dem sogenannten »Hofsterben« beziehungsweise dem »Strukturwandel« über eine Million der ursprünglich 1,65 Millionen Betriebe zum Opfer.

Der »Agrarprotektionismus« der EU-Agrarpolitik verursacht einerseits *hohe Kosten* für die europäischen Konsumenten: 1989 wurden rund 54 Milliarden US-Dollar in Form von höheren Preisen innerhalb der EU im Vergleich zum Weltmarkt und weitere 40 Milliarden US-Dollar in Form von Subventionen an die Landwirtschaft bezahlt. Dadurch entstehen erhebliche *Produktionsüberschüsse* bei Erzeugnissen wie Rindfleisch, Milch und Butter.

So wächst die Agrarproduktion in der Europäischen Union derzeit doppelt so schnell wie die Nachfrage nach Lebensmitteln (Zurek 1992, Seite 52). Die produzierten Überschüsse werden von der EU mit Steuergeldern aufgekauft und entweder gelagert, an Tiere verfüttert, auf dem Weltmarkt zu Dumpingpreisen verkauft oder der Nahrungsmittelhilfe zugeführt, teilweise aber auch vernichtet (besonders bei Obst und Gemüse).

Die *Einfuhren preiswerter Futtermittel* aus Überseeländern führten dazu, daß die Massentierhaltung in der Europäischen Union rentabel wurde und stark expandierte. Auch in Deutschland haben viele Betriebe in küstennahen Regionen auf Massentierhaltung umgestellt - nunmehr unabhängig von der ansonsten pro Tier zur Futtererzeugung notwendigen Ackerfläche. Die wichtigsten Futtermittelproduzenten für den Weltmarkt sind neben den USA Entwicklungsländer wie Brasilien, Argentinien, die Philippinen und Thailand, die teilweise Schwierigkeiten bei der Ernährung ihrer Bevölkerung haben.

Der Anteil der importierten Futtermittel am Gesamtfuttermittelverbrauch (Eigenproduktion plus Importe) betrug in der Europäischen Union Mitte der achtziger Jahre etwa 15 Prozent. Von den Importen stammte der größere Anteil, nämlich rund 60 Prozent, aus Entwicklungsländern; nur 40 Prozent kamen aus Industrieländern. Vom Gesamtfuttermittelverbrauch der Europäischen Union stammen demnach etwa 10 Prozent aus Entwicklungsländern (60 Prozent von 15 Prozent), das heißt, rechnerisch kommt jedes zehnte Schnitzel und jeder zehnte Liter Milch eigentlich aus armen Ländern.

Der Anteil unserer Nahrung aus Entwicklungsländern mag nicht sehr hoch erscheinen, jedoch hat die *Exportproduktion* einzelner Entwicklungsländer teilweise einen erheblichen Anteil an deren landwirtschaftlicher Gesamtproduktion. Neben Futtermitteln exportieren Entwicklungsländer eine Vielzahl von Lebens- und Genußmitteln sowie landwirtschaftlichen Rohprodukten in reiche Länder wie Südfrüchte, Gemüse, Ölfrüchte, Kaffee, Tee, Kakao, Tabak, Baumwolle, Blumen und anderes mehr.

Eine starke Exportproduktion kann zur Verdrängung der kleinbäuerlichen Erzeuger und der inländischen Nahrungsmittelproduktion für die einheimische Bevölkerung führen. Diese Entwicklung trägt zur Landflucht und damit zum Wachstum von Slums sowie zur Verstädterung bei. Die Folge davon ist eine weitere Verschärfung der Hungersituation für die Menschen dieser Regionen.

Bewertung der Grundsätze

Mit den Grundsätzen der Vollwert-Ernährung wird nicht der Anspruch erhoben, die Ernährungsprobleme in Europa beziehungsweise in Entwicklungsländern lösen zu können; dafür müssen langfristig ökonomische, politische und gesetzliche Maßnahmen ergriffen werden. Jedoch wird versucht, einen Beitrag zu mehr *weltweiter sozialer Gerechtigkeit* zu leisten.

Es geht darum, daß die Menschen in Industrieländern bestehende Vorteile aufgeben, die sich zwar durch politische, technische und ökonomische Entwicklungen ergeben haben, aber aus ethischen Gründen nicht zu rechtfertigen sind. Dabei ist jeder einzelne gefordert, durch *solidarisches Verhalten* Zeichen zu setzen. Dies kann dadurch erfolgen, daß bewußt bestimmte Nahrungs- und Konsumgüter gemieden werden.

So kann der Verzehr von Fleisch und Eiern aus Massentierhaltung deutlich eingeschränkt werden, für deren Produktion Futtermittel aus Entwicklungsländern eingesetzt werden. In der anerkannt ökologischen Landwirtschaft ist dies durch Richtlinien ausgeschlossen (siehe oben). Außerdem sollten regional nicht verfügbare Produkte wie tropische Früchte und Genußmittel (Kaffee, schwarzer Tee, Kakao und andere) – wenn überhaupt – aus sogenanntem *Fairen Handel* bezogen werden, beispielsweise über (Dritte-)Welt-Läden oder Naturkostläden. Dabei werden den Erzeugern in Entwicklungsländern faire Preise bezahlt und bessere Arbeitsbedingungen ermöglicht, außerdem erfolgt eine Aufklärung der Verbraucher über die Rahmenbedingungen.

Literatur

Eine Aufzählung der Literatur findet sich am Ende von Teil 1.

Sektion 11, Agrarpolitik, -kultur, -ökologie und soziale Aspekte

– Weitere Beiträge in Vorbereitung –

Folgelieferung April '97

Anlage von Hecken
Teil 1: Was sind heimische Wildsträucher?

Auswahl der Arten, ökologischer Wert für die Tierwelt, Insekten und Vögel auf Wildsträuchern, ökologischer Vergleich mit exotischen Sträuchern, Säugetiere auf Wildsträuchern, Informationen, Bezugsquellen, Literatur, Zusammenfassung

REINHARD WITT

Heimische Wildpflanzen sind alle in Mitteleuropa vorkommmenden Arten. Eine heimische Art muß in freier Natur wachsen und sich hier ohne Eingriffe des Menschen natürlich vermehren. Ein Großteil des Artenspektrums ist schon seit langer Zeit in Mitteleuropa heimisch, etwa Weiden und Haselnuß seit der letzten Eiszeit. Andere sind erst in den letzten Jahrhunderten oder Jahrzehnten eingewandert, meist mit Hilfe des Menschen. Hierzu zählen etwa die Gemeine Mispel, die vor 2.000 Jahren mit den Römern ins Land kam. Auch Schmetterlingsstrauch (aus Südeuropa) oder Späte Traubenkirsche aus Nordamerika) sind noch nicht lange heimisch.

Durch globale Klimaveränderungen verschieben sich Klimazonen allmählich, so daß auch die Standortbedingungen sich ändern. Auch das Eingreifen des Menschen führt zum Gewinn oder Verlust von Lebensräumen für Wildsträucher. So schuf erst die Waldrodung im Mittelalter die heutige vielfältige Kulturlandschaft mit ihren Hecken. Das Artenspektrum der Wildsträucher ist folglich mittelfristig ständigen Schwankungen unterworfen. Die Liste der heimischen Arten ist nicht als starr und unveränderlich zu begreifen, sondern als ein befristeter Ausschnitt für die gegenwärtigen Lebensbedingungen.

Mehr als 180 Wildsträucher sind nach dieser Definition heimisch. Sie stehen für die Gestaltung der Landschaft zur Verfügung. Damit kann man sämtliche Ansprüche erfüllen. Angefangen von der dichten Wildsträucherhekke in Feld und Flur über Buschgruppen zum bis hin dekorativen Solitärgehölz.

Auswahl der Arten

Bei der Wahl der Wildsträucher sprechen bereits rein ästhetische Gründe für eine möglichst abwechslungsreiche Zusammenstellung. Zum Blütenfarbenspektrum im Frühjahr und Sommer

Abb. 1: *Die Gemeine Mispel stammt ursprünglich aus Südeuropa. Das Wildobst kommt heute in Deutschland natürlich vor.*

kommen der bunte Fruchtkalender vom Herbst bis in den Winter, die unterschiedlichen Blattformen, die arteigenen intensiven Herbstfärbungen von Braun über Gelb bis Rot in den verschiedensten Schattierungen. Möglichst verschiedenartige Sträucher vervielfältigen gleichzeitig die Lebensmöglichkeiten für Wildtiere. Anders als Exoten bringen Wildsträucher eine große Lebensfülle mit. Von ihnen ernähren sich unzählige kleine und große Wildtiere. Jede Strauchart lockt andere Insekten, Vögel oder Säugetiere an, so daß eine Wildstrauchhecke aus verschiedenen Straucharten einigen hundert kleinen und großen Lebewesen Lebensraum schaffen kann.

Ökologischer Wert für die Tierwelt

Weder Blüten noch Blätter noch Früchte der meisten Vertreter der heimischen Flora sind oberflächlich betrachtet so auffällig wie exotische Sträucher. Dafür sind sie ökologisch von höchstem Wert. Es gilt also, auf neue Art und Weise sehen zu lernen.

Hecken aus heimischen Sträuchern sind Lebensadern in der Landschaft. Eine unglaubliche Tierzahl lebt in, mit und von Hecken; über 7.000 Arten. Darunter sind 115 Schmetterlingsarten, 800 Käferarten, 109 Arten von Schlupfwespen, 45 Säugerarten und wenigstens 50 verschiedene Vogelarten. Das alles funktioniert natürlich nur, wenn die Nahrungsbasis breit ist, also möglichst viele Pflanzenarten wachsen können. Alles in allem gedeihen in Feldhecken über 1.000 Arten an Sträuchern, Bäumen, Kletterpflanzen, Wildblumen und Gräsern.

Tabelle 1: Lebensader Hecke	
In Feldhecken wurden bislang folgende Artenzahlen nachgewiesen	
Mücken/Fliegen insgesamt	2.000
Käfer insgesamt	800
Schmetterlinge insgesamt	115
Schlupfwespen	110
Wanzen	86
Kleinschmetterlinge	77
Kurzflügler	64
Spinnen	60
Vögel	50
Rüsselkäfer	48
Blatt- und Halmwespen	46
Säugetiere	45
Schwebfliegen	42
Bockkäfer	38
Laufkäfer	30
Schnecken	30
Zikaden	29
Wildbienen und Hummeln	24
Brackwespen	17
Blattläuse	17
Reptilien	8
Amphibien	7
Heuschrecken	7
Ohrwürmer	7
Marienkäfer	7

Insektenleben auf Wildsträuchern

Die heimischen Wildstraucherarten werden von Insekten unterschiedlich genutzt. In der »Hitparade« der beliebtesten Futtersträucher stehen Weiden, Wildrosen, Brombeeren, Weißdorn, Haselnuß und Schlehe ganz oben. Andere Arten, man denke an den Schwarzen Holunder oder Goldregen, sind für Insekten weniger attraktiv. Die Zahlen der Tabelle 2 sind nur ein Anhaltspunkt. Die Wirklichkeit dürfte sie weit übertreffen, sind doch die Beziehungen zwischen Wildsträuchern und Insekten wissenschaftschatlich nur unzureichend dokumentiert.

Ein besonders sensibler Gradmesser für den Zustand heimischer Natur ist die Wildbienenzahl, sie verweist auf einen hohen Prozentsatz hochspezialisierter Arten, da viele Wildbienen als Nahrungsquelle nur bestimmte Wildsträucher akzeptieren.

Vögel auf Wildsträuchern

Heimische Gehölze sind unersetzliche Futterquellen für die Vogelwelt. Ungezählte Insektenarten leben von den Pflanzenfressern. Daneben gibt es Insekten und Spinnen, die ebenso wie die Vögel räuberisch leben. So entspinnt sich ein Netz von Nahrungsbeziehungen zwischen Blüte, Blatt und Frucht. Am Anfang steht immer das breite Angebot für die pflanzenfressenden Insekten. Von dieser Beutevielfalt profitieren dann die Vögel, die sich als Insekten- und Spinnenfresser mehr oder weniger auf bestimmte Beute spezialisiert haben.

Abb. 2: *Lebensader Hecke. Durch Hecken vernetzte ursprüngliche Kulturlandschaft, wie hier im Odenwald, ist selten geworden.*

Doch auch hier sind die Verhältnisse nicht einheitlich. Reine Insektenfresser existieren fast nicht, nur wenige Arten leisten sich den Luxus, nicht öfters auch vom üppigen Angebot an Strauchfrüchten zu probieren. Hierzu gehören etwa Wintergoldhähnchen und Haubenmeise.

Übergänge zwischen Insektenfresser und Fruchtfressern verdeutlichen Zilzalp (Früchte von 6 Straucharten), Nachtigall (7), Grauschnäpper (8) oder Blaumeise (17), während etwa Rotkehlchen und Fitis mit 40 Fruchtarten schon große vegetarische Nahrungsanteile aufweisen und sich phasenweise schwerpunktmäßig von heimischen Früchten ernähren. Die Spitze führen hier Amsel (54) und Singdrossel (56) an, die sicherlich typische Fruchtfresser sind. Die Mehrzahl der heimischen Vogelarten genießt die Früchte als saisonale, willkommene Ergänzung des Speiseplans.

Ökologisch wichtig ist die Tatsache, daß den Vögeln nicht alle Früchte gleich gut munden: Zu den Favoriten zählen Roter Holunder, Felsenbirne, Kornelkirsche, Brombeere, Pfaffenhütchen und Gemeine Traubenkirsche, zu den Ladenhütern Sanddorn, Gemeiner Schneeball, Stechpalme oder Wacholder. Diese unterschiedliche Präferenz ermöglicht es, daß auch im Winter noch Früchte übrig bleiben, so daß auch Durchzügler wie Seidenschwanz und Wacholderdrossel noch auf ihre Kosten kommen.

Kurzum: Eine Hecke aus heimischen Sträuchern ersetzt nicht nur in Notzeiten das Vogelfutterhäuschen.

Tabelle 2: Futtersträucher für Insekten

Zahl der auf bestimmte heimische Wildsträucher spezialisierten Insekten

Platz	Wildstrauch	Bockkäfer	Rüsselkäfer	Wanzen	Blattwespen	Blattläuse	Kleinschmetterlinge	Summe
1	Salweide	38	30	31	26	11	77	213
2	Weißdorn	10	48	19	13	17	56	163
3	Schlehe	15	23	5	14	7	73	137
4	Waldhasel	25	23	24	16	2	22	112
5	Wildrosen	10	10	3	33	16	31	103
6	Wildbrombeeren	–	13	7	29	4	32	85
7	Feldahorn	15	2	13	3	7	33	73
8	Vogelbeere	2	5	12	9	3	41	72
9	Faulbaum/ Kreuzdorn	6	–	3	2	6	28	45
10	Heckenkirsche/ Geißblatt	1	1	1	11	4	22	40
11	Roter Hartriegel	2	5	–	1	8	16	32
12	Wildjohannisbeeren	–	2	2	7	7	12	30
13	Gemeiner Liguster	–	4	1	2	3	11	21
13	Pfaffenhütchen	7	1	1	–	5	7	21
14	Schneeball	2	2	1	2	4	6	17
15	Schwarzer Holunder	–	–	2	–	2	11	15

Abb. 3: *Der Ligusterschwärmer ist einer von vielen hochspezialisierten Schmetterlingsarten, deren Raupen von den Blättern heimischer Wildsträucher leben.*

Tabelle 3: Wildbienen auf Wildsträuchern

Zahl der Wildbienenarten auf heimische Wildsträuchern

Platz	Wildstrauch	Wildbienen
1	Salweide	34
2	Brombeere	26
3	Ohrweide	19
4	Schlehe	18
5	Wildapfel	17
5	Purpurweide	17
6	Zweigriffeliger Weißdorn	16
6	Feldahorn	16
6	Grauweide	16
7	Vogelkirsche	15
7	Dornige Hauhechel	15
8	Wildbirne	12
9	Stechpalme	11
10	Kriechende Hauhechel	10
10	Heidelbeere	10
10	Hundsrose	10
11	Himbeere	9
11	Kriechweide	9

Tabelle 3: Wildbienen auf Wildsträuchern (Fortsetzung)

Zahl der Wildbienenarten auf heimische Wildsträuchern

Platz	Wildstrauch	Wildbienen
12	Heidekraut	8
12	Roter Hartriegel	8
12	Eingriffeliger Weißdorn	8
13	Preiselbeere	7
14	Weiden-Spierstrauch	5
14	Echter Gamander	5
15	Rote Johannisbeere	4
16	Deutscher Backenklee	3
16	Gemeine Berberitze	3
16	Färberginster	3
17	Besenginster	2
17	Englischer Ginster	2
17	Regensburger Geißklee	2
17	Gemeine Waldrebe	2
18	Flügelginster	1
18	Goldregen	1
18	Buchsbaum	1

Abb. 4: *Ohne die Insekten vom Unterwuchs der Wildsträucher könnte ein Zaunkönig niemals die hungrigen Mäuler im Kugelnest stopfen.*

Ökologischer Vergleich von heimischen und exotischen Sträuchern

Das Beispiel der heimischen Sträucher zeigt die Unterschiede zu den herkömlichen exotischen Gehölzen. Wenn wir über den ökologischen Wert unserer Wildsträucher sprechen, meinen wir zweierlei: Schutz und Futter.

In bezug auf die Schutzfunktion, also als Unterschlupf, Versteck und Nistplatz können fremdländische Ge-

Tabelle 4: Wildstrauchfrüchte für Vögel

So viele Vogelarten ernähren sich von den Früchten

Platz	Wildstrauch	Anzahl Vogelarten
1	Vogelbeere	63
2	Schwarzer Holunder	62
3	Vogelkirsche	48
4	Traubenholunder	47
5	Gemeiner Wacholder	43
6	Waldhimbeere	39
7	Faulbaum	36
8	Wilde Johannisbeere	34
9	Weißdorn	32
9	Wildbrombeere	32
10	Mistel	28
11	Wildrosen	27
12	Roter Hartriegel	24
12	Pfaffenhütchen	24
12	Gemeine Traubenkirsche	24
12	Wildbirne	24
12	Gemeine Eibe	24
13	Gemeiner Schneeball	22
14	Gemeiner Liguster	21
14	Gemeine Felsenbirne	21
15	Schlehe	20
16	Wildapfel	19
16	Gemeine Berberitze	19
16	Kreuzdorn	19
16	Wilder Wein	19
17	Sanddorn	16
18	Kornelkirsche	15
18	Feldahorn	15
18	Wolliger Schneeball	15
19	Schwarze Heckenkirsche	14
19	Wilde Stachelbeere	14
19	Gemeiner Efeu	14
20	Schneebeere	13
21	Gemeine Stechpalme	12
21	Bocksdorn	12
22	Filzige Zwergmispel	11
22	Felsenkirsche	11
22	Mehlbeere	11
23	Gemeiner Seidelbast	10
23	Blaue Heckenkirsche	10
23	Waldgeißblatt	10
23	Waldhaselnuß	10
23	Späte Traubenkirsche	10
24	Gemeine Zwergmispel	8
24	Rote Heckenkirsche	8
25	Jelängerjelieber	7
26	Schwarze Johannisbeere	3
27	Weiden	3

hölze noch einigermaßen mit den heimischen Schritt halten, ja sind in Einzelfällen sogar besser. Dies gilt etwa für die Thuja, die als dichter, immergrüner Strauch kein schlechtes Brutgehölz abgibt. Was die (katzenwirksamen) Schutzdornen angeht, schneiden die heimischen Arten allerdings günstiger ab: Kaum ein Strauch wird so durchgangssicher wie die Schlehe, auch gegen die Stacheln der Hundsrose gibt es kein Durchkommen, nicht zu vergessen Weißdorn oder Wildbirnenbüsche.

Doch diese ökologische Schutzfunktion könnte notfalls sogar ein Stacheldrahtverhau oder ein Plastik-Imitat wahrnehmen, dafür braucht man kein Gehölz. Wesentlich wichtiger und unersetzlich ist der Wert als Futterquelle. Und hier wiederum wäre zwischen zwei Hauptprodukten zu unterscheiden: Sträucher für Insektenfresser und Sträucher für Fruchtfresser. Bei dieser ökologischen Aufrechnung aber schneiden die Exoten bedenklich schlecht ab.

Zunächst zu den Insektenfressern. Es ist klar, daß es nur dann reiche Beute gibt, wenn die Insekten ihre spezifischen heimischen Futterpflanzen vorfinden. Weil jedoch in vielen Gärten und Parks exotische Gehölze dominieren, wird den Vögeln die Nahrungsgrundlage entzogen. Es kommt zu weniger, kleineren oder gar keinen Bruten mehr, ein Phänomen, das wissenschaftliche Untersuchungen etwa für die Stadt Frankfurt am Main belegt haben.

Bei den Fruchtfressern liegen die Verhältnisse nicht so einfach. Immerhin bieten ja auch nichtheimische Gehölze eßbare Beeren an – ein Argument, das gern gegen Naturgärtner und Naturschützer laut wird. Als Beispiele dienen die Früchte vom Feuerdorn, ja sogar die vom Essigbaum und Kirschlorbeer. Allerdings, und hierauf kommt es an, sind

Abb. 5: *Die Früchte des exotischen Rhododendrons reifen hierzulande nicht aus und sind für die Tierwelt wertlos.*

es bei Exoten fast immer weniger Vogelarten. Wie beliebt ein fremdländischer Strauch ist, hängt offensichtlich stark davon ab, ob er hierzulande heimische Verwandte hat (Tabelle 5). Thunbergsberberitze versorgt wegen entsprechender heimischer Verwandschaft noch sieben Vogelarten, die Kanadische Felsenbirne gar 21 Vogelarten mit Fruchtfleisch. Beschämend geringen Nutzen haben aber generell Exoten ohne hiesige Verwandte. Dies hängt damit zusammen, daß sie nicht durch die erlernten Nahrungstraditionen weitergegeben werden können, die bei Vögeln eine wichtige Rolle spielen. Während die Beeren von Lavalls Weißdorn den heimischen Weißdornbeeren noch ähnlich aussehen, gibt es für Weigelie oder Trompetenbaum kein eßbares Vorbild. Dementsprechend kann dieses Vogelfutter auch nicht von Alt zu Jung weiterempfohlen werden.

Besonders düster sieht es bei jenen Arten aus, die aufgrund klimatischer Probleme oder züchterischer Verände-

Tabelle 5: Heimische und exotische Gehölze als Futterquelle für Vögel

Anzahl der Vogelarten, die bestimmte heimische und exotische Gehölze als Futterquelle nutzen

Heimisches Gehölz	Vogelarten	Exotisches Gehölz mit heimischer Verwandtschaft	Vogelarten
Acer			
Bergahorn	20	Tatarischer Ahorn	7
Feldahorn	15	Eschenahorn	4
Spitzahorn	10	Amurahorn	3
Amelanchier			
Gemeine Felsenbirne	21	Kanadische Felsenbirne	21
Berberis			
Gemeine Berberitze	19	Thunbergs Berberitze	7
Cornus			
Roter Hartriegel	24	Schwedischer Hartriegel	8
Kornelkirsche	15	Weißer Hartriegel	8
		Gelbholziger Hartriegel	2
Corylus			
Waldhasel	10	Baumhasel	3
Crataegus			
Eingriffeliger Weißdorn	32	Lavalls Weißdorn	3
Zweigriffeliger Weißdorn	32	Scharlachdorn	2
		Blutroter Weißdorn	1
Ilex			
Gemeine Stechpalme	12	Rote Stechpalme	5

Tabelle 5: Fortsetzung

Anzahl der Vogelarten, die bestimmte heimische und exotische Gehölze als Futterquelle nutzen

Heimisches Gehölz	Vogelarten	Exotisches Gehölz mit heimischer Verwandtschaft	Vogelarten
Juniperus			
Gemeiner Wacholder	43	Virginischer Wacholder	8
Zwergwacholder	6	Chinesischer Wacholder	1
Lonicera			
Schwarze Heckenkirsche	14	Tatarische Heckenkirsche	7
Blaue Heckenkirsche	10		
Waldgeißblatt	10		
Rote Heckenkirsche	8		
Jelängerjelieber	7		
Malus			
Wildapfel	19	Beerenapfel	4
		Toringoapfel	3
		Purpurapfel	2
		Vielblütiger Apfel	1
Prunus			
Vogelkirsche	48	Kaukasus-Kirschlorbeer	3
Gemeine Traubenkirsche	24	Portugal-Kirschlorbeer	2
Schlehe	20		
Felsenkirsche	11		
Späte Traubenkirsche	10		
Sorbus			
Vogelbeere	63	Bastardmehlbeere	4
Elsbeere	14		
Schwedische Mehlbeere	7		
		Exotisches Gehölz ohne heimische Verwandtschaft	
		Gleditschie	4
		Feuerdorn	4
		Flügelnuß	3
		Essigbaum	2
		Trompetenbaum	2
		Rauhblättrige Deutzie	1
		Liebliche Weigelie	1

rungen gar keine Früchte ausbilden, Rhododendron oder Japanische Blütenkirschen nur als Beispiel. Aus der Perspektive von Vogelaugen, könnte man dafür genausogut Plastikbäumchen aufstellen.

Säugetiere auf Wildsträuchern

Während wir über die ökologischen Beziehungen zwischen Vögeln und Gehölzen einigermaßen Bescheid wissen, klaffen bei Säugetieren noch erhebliche Lücken. Die Zahlenangaben sind deswegen mit besonderer Vorsicht zu genießen. In der Realität dürfen wir aber sehr wahrscheinlich mit einer weit höheren Nutzungsintensität der Wildsträucher rechnen.

Klar allein ist: Auch unsere heimischen Säuger mögen Wildsträucher, manche mehr, manche weniger. Allerdings werden hier nicht – wie bei den Vögeln – allein die Früchte verzehrt, sondern auch Knospen, Blätter, junge Triebe, Wurzeln, Saft und sogar Blüten und Pollen. Der Blick ins Detail bringt immer wieder Überraschungen. Wußten Sie, daß der Wildapfel der beliebteste Säugetier-Strauch ist, dicht gefolgt von der Waldhasel?

Fächern wir die Nutzung auf, so kommen wir beispielsweise bei der Waldhasel auf folgendes Ergebnis: Am begehrtesten sind die Nüsse selbst: 16 Säugetierarten fressen sie. Als zweites folgen Triebe (12 Arten) sowie Blätter (8), danach Rinde und Bast (6). Selbst die Haselnußknospen, Blüten und Pollen finden noch Anklang bei drei Arten.

Eine der vielen Überraschungen zwischen Wurzel und Blatt sei an dieser Stelle noch verraten: Nicht nur Vegetarier fressen sich an Wildsträuchern dick und rund. Nicht selten tun dies auch typische »Raubtiere«. So sammelt Meister Reineke neben Berberitzenbeeren auch Kornelkirschen und Wacholderbeeren ein. Auch Marder verabscheuen Früchte nicht. Der Steinmarder plündert Roten Hartriegel und Wacholder, Baummarder bevorzugen Weißdornbeeren oder Traubenkirschen.

Abb. 6: *Der Haselnußstrauch steht an der Spitze der Beliebtheitsskala. 33 Säugetieraten nutzen den Strauch. Hier knabberte ein Eichhörnchen an Haselnüssen.*

Tabelle 6: Wildsträucher für Säugetiere

Anzahl der Säugetierarten, die Früchte, Blätter oder Triebe von Wildsträuchern fressen

Platz	Wildstrauch	Anzahl Säugerarten
1	Wildapfel	35
2	Waldhasel	33
3	Wildbirne	29
4	Wildrosen	27
5	Preiselbeere	26
6	Heidelbeere	25
7	Waldhimbeere	20
8	Gemeiner Wacholder	18
8	Schlehe	18
9	Kornelkirsche	17
9	Zweigriffeliger Weißdorn	17
10	Gemeine Traubenkirsche	16
10	Weiden	16
11	Kratzbeere	14
11	Pfaffenhütchen	14
12	Rauschbeere	12
12	Rote Heckenkirsche	12
13.	Gemeiner Schneeball	11
13	Faulbaum	11
14	Gemeiner Liguster	10
15	Schwarzer Holunder	8
15	Kreuzdorn	8
15	Roter Hartriegel	8
15	Gemeine Eibe	8
16	Moosbeere	7
16	Wildbrombeere	7

Tabelle 6: Fortsetzung

Anzahl der Säugetierarten, die Früchte, Blätter oder Triebe von Wildsträuchern fressen

Platz	Wildstrauch	Anzahl Säugerarten
16	Gemeine Berberitze	7
17	Wolliger Schneeball	6
17	Mispel	6
17	Felsenkirsche	6
17	Felsenjohannisbeere	6
17	Heidekraut	6
18	Roter Holunder	5
18	Wildstachelbeere	5
18	Eingriffeliger Weißdorn	5
19	Filzige Zwergmispel	4
19	Gemeiner Seidelbast	4
19	Krähenbeere	4
19	Färberginster	4
19	Sanddorn	4
19	Mistel	4
20	Schwarze Johannisbeere	3
21	Rote Johannisbeere	2
21	Schwarze Heckenkirsche	2
21	Alpenjohannisbeere	2
21	Stechpalme	2
21	Gemeine Felsenbirne	2
21	Bärentraube	2
22	Schwarzer Geißklee	1

Informationen

Naturgarten e.V.
Verein für naturnahe Garten- und Landschaftsgestaltung
Postfach 430906, 80739 München

Fördert und verbreitet seit 1990 in Deutschland die Naturgarten-Idee- und Wildpflanzen. Kostenlose Beratung an über zwanzig Naturgarten-Telefonen. Bestimmungsseminare für Wildsträucher. Adressenliste von Naturgarten-Experten und Bezugsquellen. Info gegen DM 10,– in Briefmarken.

Interessengemeinschaft zur Produktion von regionalem Saat- und Pflanzgut
Dörfl 20, 84140 Gangkofen
Vereint seit 1995 die Produzenten von heimischen Wildsträuchern regionaler Herkunft in Bayern.

Bezugsquellen

Heimische Wildsträucher gibt es zwar inzwischen in jeder Baumschule. Doch handelt es sich oft nur um ein Dutzend häufigere Arten. Die seltenen Arten fehlen. Auch die Herkunft ist ungeklärt. In der Regel handelt es sich nicht um Arten garantiert heimischer oder sogar regionaler Herkunft. Unter Naturschutzaspekten sollten in freier Flur nur garantiert heimische Sträucher gepflanzt werden. Hier eine unvollständige Liste von Betrieben, die Wildsträucher auch versenden. Außerdem Bezugsquellen für garantiert heimisches Wildblumen-Saatgut (Wildblumen für die Hecke und Saum).

Renz
04932 Großthiemig
40 Wildstraucherarten aus den neuen Bundesländern. Schwerpunkt Sachsen/Thüringen.

Appel
Straße zum Roten Luch 7c,
15377 Waldsieversdorf
10 Wildsträucherarten aus Brandenburg.

Berufsfortbildungswerk
Haart 224, 24539 Neumünster
Etwa 30 Wildsträucherarten aus Schleswig-Holstein.

Hinrichs Baumschule
An der B 4, 29525 Uelzen
Etwa 70 Wildgehölze mit Herkunftsnachweis aus dem norddeutschen Raum. Kein Versand.

Naturwuchs
Bardenhorst 15, 33739 Bielefeld
150 heimische Sträucher und Bäume.

Ahornblatt
Postfach 4366, 55033 Mainz
120 Arten und Sorten von Wildgehölzen. Viele Raritäten. Spezialität Wildrosen. Garantierte Herkunft. Mitglied im Naturgarten e.V.

Gärtnerei für Wildstauden und Wildgehölze
Monika Strickler, Lochgasse 1, 55232 Alzey
Ungefähr 170 Arten und Sorten heimischer Gehölze, viele regionale Arten und Rassen garantierter Herkunft. Spezialität: seltene Kleingehölze, Wildrosen, Kletterpflanzen.

Conrad Appel
Brandschneise 1, 64295 Darmstadt
Saatgut oder Jungpflanzen von 50 heimischen Gehölzen mit Herkunftsnachweis. Spezialität: Wildrosen.

Renz
72194 Nagold-Emmingen
Samen und Pflanzen von rund 40 Wildsträucher aus Süddeutschland.

Hohenloher Baumschulen
Platanenallee 4, 74613 Öhringen
Rund 15 Wildsträucherarten aus dem süddeutschen Raum.

Blumenwiesen Bernd Dittrich Syringa-Samen
Bachstr. 7, 78247 Hilzingen-Binningen
Garantiert heimisches Wildblumen-Saatgut und Mischungen, speziell Wildblumen für die Hecke.

Joe Engelhardt
Dörfl 20, 84140 Gangkofen
30 Wildgehölze aus dem bayerischen Isar-Inn-Hügelland. Spezialität Wildrosen.

Baumschule Brenninger
Hofstarring 2, 84439 Steinkirchen
70 heimische Bäume und Sträucher definierter Herkunft.

Baumschule Wörlein
Baumschulenweg 9, 86911 Dießen
Rund 30 heimische Gehölze aus dem bayerischen Raum.

Kneussle Baumschulen
Postfach 1348
88348 Saulgau-Krumbach
40 Wildgehölze aus Süddeutschland.

Karl Schlegel
Göffingerstr. 40, 88499 Riedlingen
Rund 40 Wildsträucher mit Herkunftsnachweis aus dem süddeutschen Raum.

Baumschule Maria Biermann
89174 Altheim/Alb
heimische Wildsträucher aus dem süddeutschen Raum. Regionale Arten.

Autochtone Pflanzen Barthl Köppl
Plöß 14, 94234 Viechtach
30 Wildgehölze aus dem Bayerischen Wald. Spezialitäten: Seidelbast, Blaue Heckenkirsche, Eiben.

Literatur

HERMANN BENJES: *Die Vernetzung von Lebensräumen mit Feldhecken. 180 Seiten, 61 Fotos, 13 Illustrationen. Natur und Umwelt Verlag, Bonn 1996.*
Zeigt in faszinierender Weise, wie sich aus einem Haufen Gestrüpp eine lebendige (Benjes)Hecke entwickelt und dadurch in eine ausgeräumte Landschaft wieder neues Leben einzieht. Mit genauer Anleitung zum Bau von Benjeshecken. Pflichtlektüre für Naturschützer und solche, die es werden wollen.

JOE ENGELHARDT/GEORG EFFNER: *Bedeutung, Vermehrung und Verbreitung von regionalen Gehölzen. Skript gegen DM 35,– bei J. Engelhardt, Dörfl 20, 84140 Gangkofen.*
Überblick über den ökologischen Wert, die Möglich-keiten von Saatgutgewinnung, Stecklings-schnitt,Anzucht und Vermarktung von stand-ortheimischen Gehölzen am Beispiel von Niederbayern.

HENNING HAEUPLER/PETER SCHÖNFELDER: *Atlas der Farn- und Blütenpflanzen Deutschlands. Ulmer Verlag, Stuttgart 1994.*
Aktuelle Verbreitung der heimischen Pflanzen in Punktrasterkarten. Standortangaben für fast alle Sträucher. Ohne neue Bundesländer.

LANDESBUND FÜR VOGELSCHUTZ BAYERN: *Hecken statt Schneezäune. LBV, Rumfordstr. 16, 80469 München.*
Vergleichsrechnung der Kosten von Plastikzäunen und Naturhecken.

OSKAR SEBALD/SIEGMUND SEYBOLD/GEORG PHILIPPI: *Die Farn- und Blütenpflanzen Baden-Württembergs. Ulmer Verlag, Stuttgart, ab 1990.*
Viel-bändiges Werk mit Porträts für alle heimischen Arten. Eine Fundgrube an Wissen weit über Süddeutschland hinaus.

WERNER ROTHMALER: *Exkursionsflora von Deutschland. Gefäßpflanzen Fischer Verlag, Jena 1994.*
Ausgezeichnete Bestimmungshilfe der Wildpflanzen für jedermann. Band 2 enthält den Bestimmungsschlüssel. Band 3 insgesamt 2.800 Detailzeichnungen aller Arten. Unterscheidungsmerkmale im Bild hervorgehoben. Band 4 ermöglicht die Bestimmung bis in die Unterart.

GEORG TIMMERMANN UND THEO MÜLLER: *Wildrosen und Weißdorne Mitteleuropas. Landschaftsgerechte Sträucher und Bäume. Schwäbischer Albverein Verlag, Hospitalstr. 21B, 70174 Stuttgart 1994.*
Exzellente Anleitung zur Bestimmung von 39 heimischen Wildrosen und 9 Weißdornen.

REINHARD WITT: *Naturoase Wildgarten. Überlebensraum für unsere Pflanzen und Tiere. Planung, Praxis, Pflege.167 Seiten, 141 Farbfotos, 38 Illustrationen, BLV Verlag, München 1996.*
Das kompetente Standardwerk zur naturnahen Gartengestaltung. Von vorne bis hinten fundierte Praxisvorschläge zur Neuanlage und Umgestaltung. Spezielle Berücksichtigung der Tierwelt. Ausführliche Kapitel über Blumenwiesen, Wildstauden, Wasser, Steine, Heide, Wildsträucher, Bäume und Kletterpflanzen. Zahlreiche nützliche Tabellen.

REINHARD WITT: *Wildpflanzen für jeden Garten. 1.000 heimische Blumen, Stauden und Sträucher. Anzucht, Pflanzung, Pflege. 192 Seiten, 196 Farbfotos, BLV Verlag, München 1995.*
Exzellente Informationsquelle über unsere Wildpflanzen. Verwendungsmöglichkeiten von über 1.000 heimischen Stauden und Sträuchern in Natur und im Garten. Bebilderte Pflanzenporträts, Angaben über Verbreitung, Lebensräume, Nutzen für Tiere. Erstmalig Praxishinweise zu Anzucht und Vermehrung für 1.000 Arten. Detailliertes Bezugsquellenverzeichnis. Unentbehrlich für alle Naturliebhaber.

REINHARD WITT/BERND DITTRICH: *Blumenwiesen. Anlage, Pflege, Praxisbeispiele. Großformat, 167 Seiten, 180 Farbfotos, DM 49,90.*
Alle wichtigen Informationen für Blumenwiesen in Garten und Landschaft. Beschaffung und Qualität des Saatgutes ein, Fachtips zu Naturentwicklung, Umwandlung, Einsaat, Pflanzung und Pflege. Erstmalig die verschiede-

nen Techniken der Einsaat mit Saatgut, Heumulch, Heudrusch und Heublumen im Überblick. 85 öffentliche Projektbeispiele mit Mager-, Fett- und Feuchtwiesen, Feldrainen, Hecken- und Wegsäumen sowie Straßengrün. Basiswissen für Landschaftgestalter.

Zusammenfassung

Der Begriff »heimisch« wird geklärt. Die besondere Bedeutung heimischer Straucharten für die Tierwelt wird aufgezeigt. Feldhecken sind der Lebensraum für über 7.000 Wildtierarten, in der Mehrzahl Insekten. Bevorzugte Nahrungssträucher für Insekten sind Weiden, Weißdorn, Schlehen, Haselnuß und Wildrosen. Auch Wildbienenarten sind auf verschiedene heimische Wildsträucher spezialisiert. Wildsträucher bilden für Vögel eine lebensnotwenige Futterquelle. An der Spitze der Vogelfuttersträucher stehen Vogelbeere, Holunder und Vogelkirsche. Der ökologische Vergleich zwischen heimischen und exotischen Gehölzen zeigt, daß die heimischen Arten mehr Futtermöglichkeiten bieten als die fremdländischen Arten. Viele Säugetiere ernähren sich von Wildsträuchern. Besonders beliebt sind Wildapfel, Waldhasel, Wildbirne und Wildrosen. Wichtige Literatur und Bezugsquellen werden genannt.

Sektion 12, Allgemeines, spezielle Themen und Service

– Weitere Beiträge in Vorbereitung –

Rheinland-Pfalz

- Bezirksregierung *Koblenz*
  – Referat 52 –
  Herr Theisen, Herr Waldecker
  Stresemannstraße 3 - 5
  56068 Koblenz
  Telefon: 02 61/12 00
  Telefax: 02 61/1 40 47
- Bezirksregierung *Mosel*
  – Referat 52 –
  Herr Dr. Schnitzius, Herr Portz
  Mustorstraße 14
  Telefon: 06 51/9 49 40
  54290 Trier
  Telefax: 06 51/9 49 43 44
- Bezirksregierung *Rheinhessen-Pfalz*
  – Referat 52 –
  Herr Hoefer, Herr Geisthardt
  67433 Neustadt
  Telefon: 0 63 21/99 -0
  Telefax: 0 63 21/99- 29 15

Saarland

Ministerium für Wirtschaft
Abteilung E-Landwirtschaft
Herr MinR Schowalter
Rußhütter Straße 8a
Postfach 10 24 54
66024 Saarbrücken
Telefon: 06 81/7 53 9- 34
Telefax: 06 81/75 39 46

Sachsen

Sächsische Landesanstalt für Landwirtschaft
Institut für Bodenkultur und Pflanzenbau
Herr Dr. Kolbe, Herr Blau
Gustav-Kühn-Straße 8
04159 Leipzig
Telefon: 03 41/59 39 -2 70
und 03 41/59 39 -2 74
Telefax: 03 41/59 39 -2 11

Sachsen Anhalt

- Bezirksregierung *Dessau*
  Abteilung 5, Dezernat 51
  Herr Dr. Priebs
  Postfach 87
  06839 Dessau
  Telefon: 03 40/6 50 62 20
  Telefax: 03 40/6 50 62 30
- Bezirksregierung *Halle*
  Abteilung 5, Dezernat 51
  Herr Heidecke
  Willy-Lohmann-Straße 6a
  06114 Halle
  Telefon: 03 45/51 40
  Telefax: 03 45/5 14 14 44
- Bezirksregierung *Magdeburg*
  Abteilung 5, Dezernat 51
  Herr Dr. Goeck, Herr Rode
  Olvenstedter Straße 1 - 2
  39108 Magdeburg
  Telefon: 03 91/5 67 24 68
  Telefax: 03 91/5 67 26 95

Schleswig-Holstein

Minister für Ernährung, Landwirtschaft, Forsten und Fischerei
Ref. VIII 530
Herr Lewin
Dusternbrooker Weg 104 24100 Kiel
Telefon: 04 31/59 6- 45 31
und 04 31/59 6- 44 84
Telefax: 04 31/59 6- 44 01

Thüringen

Ministerium für Landwirtschaft und Forsten Abteilung 2
Herr Dr. habil. Breitbarth
99021 Erfurt
Postfach 10 03
Telefon: 03 61/6 66 03 34
Telefax: 03 61/6 42 16 57

Thüringer Landesverwaltungsamt
Abteilung Landwirtschaft
Herr Nagler
Carl-August-Allee 1a
99423 Weimar
Telefon: 0 36 43/20 26 06
Telefax: 0 36 43/75 81 69

Verzeichnis der EG-Öko-Kontrollstellen in Deutschland

Die EG-Öko-Kontrollstellen kontrollieren auf Antrag deutsche Öko-Bauern auf Einhaltung der Verordnung »ökologischer Landbau«.

Die angegebene Buchstaben-Ziffern-Kombination ist die Kontrollnummer, die auch auf den Etiketten der ausgezeichneten Waren angegeben ist.

DE-001* ÖKO-GARANTIE BCS-GMBH
Control System Peter Grosch
Cimbernstraße 21
90402 Nürnberg
Tel. 09 11/4 91 73
Fax 09 11/49 22 39

DE-002 BIOZERT GMBH
KONTROLLSTELLE BAYERN
Auf dem Kreuz 58
86152 Augsburg
Tel. 08 21/3 46 76 50
Fax 08 21/3 46 76 55

DE-003* LACON GMBH
In der Spöck 10
77656 Offenburg
Tel. 07 81/5 58 02
Fax 07 81/5 58 12

DE-004 BIOKREIS OSTBAYERN E. V.
Steinrain 25
84066 Mallersdorf-Pfaffenbach
Tel. 0 87 72/9 10 94
Fax 0 87 72/9 10 95

DE-005* IMO-INSTITUT FÜR MARKTÖKOLOGIE
Paradiesstr. 13
78462 Konstanz
Tel. 0 75 31/91 52 73
Fax 0 75 31/91 52 74

DE-006* ALICON GMBH
Schelztorstraße 9
73728 Esslingen
Tel. 07 11/35 51 38
Fax 07 11/35 51 67

DE-007 PRÜFVEREIN VERARBEITUNG ÖKOLOGISCHE LANDBAUPRODUKTE
Schlossberg 15 - 17
75175 Pforzheim
Tel. 0 72 31/35 33 68
Fax 0 72 31/35 30 78

DE-008 BIOLAND LANDESVERBAND SCHLESWIG-HOLSTEIN
Kieler Straße 26
24582 Bordesholm
Tel. 0 43 22/41 22
Fax 0 43 22/92 36

DE-009 LANDWIRTSCHAFTSKAMMER SCHLESWIG-HOLSTEIN
Holstenstraße 106 - 108
24103 Kiel
Tel. 04 31/97 97/3 23 + 205
Fax 04 31/97 97/1 30

DE-011 BIOLAND LANDESVERBAND HESSEN
Hintergaße 23
35325 Mücke-Ruppertenrod
Tel. 0 64 00/80 84
Fax 0 64 00/68 87

DE-012 AGRECO – WITZENHAUSEN
Mündener Straße 19
37218 Witzenhausen-Gertenbach
Tel. 0 55 42/40 44
Fax 0 55 42/65 40

DE-013* QC U. 1 – GESELLSCHAFT FÜR KONTROLLE UND ZERTIFIZIERUNG VON QUALITÄTSSICHERUNGSSYSTEMEN GMBH
Gleueler Straße 286
50935 Köln
Tel. 02 21/9 43 92 09
Fax 02 21/9 43 92 10

DE-015 ANOG E.V.
Pützchens Chaussee 60
53227 Bonn
Tel. 02 28/46 16 87
Fax 02 28/46 15 58

DE-016 ÖKOL E. V.
Schillerstraße 18
58452 Witten/Ruhr
Tel. 0 23 02/2 40 02
Fax 0 23 02/2 40 01

DE-020 NORD-CONTROL E. V.
Triangel 6
21385 Amelinghausen
Tel. 0 41 32/10 21
Fax 0 41 32/10 23

DE-021 GRÜNSTEMPEL E.V.
Geschwister-Scholl-Straße 7
39164 Schleibnitz
Tel. 03 92 09/4 66 96
Fax 03 92 09/4 66 96

DE-022 KONTROLLVEREIN ÖKOLOGISCHER LANDBAU
Schlossberg 15 - 17
75175 Pforzheim
Tel. 0 72 31/10 59 40
Fax 0 72 31/35 30 78

DE-024 INAC
Rudolf-Herzog-Straße 32
37218 Witzenhausen
Tel. 0 55 42/91 14 00
Fax 0 55 42/91 14 01

DE-027 BIOLAND KONTROLLSTELLE BADEN-WÜRTTEMBERG
Eugenstraße 21
72622 Nürtingen
Tel. 0 70 22/9 32 66 17
Fax 0 70 22/9 32 66 30

DE-028 LANDWIRTSCHAFTSKAMMER RHEINLAND-PFALZ
Burgenlandstraße 7
55543 Bad Kreuznach
Tel. 06 71/79 31 21

DE-032 Kontrollstelle für den ökologischen Landbau GmbH
Wohlsbornerstraße 2
99427 Weimar
Tel. 0 36 43/43 71 13
Fax 0 36 43/43 74 37

DE-034 Verband »Biopark« e. V.
Zarchliner Straße 1
19395 Karow/Meckl.
Tel. 03 87 38/229
Fax 03 87 38/226

DE-035 Landwirtschaftsberatung GmbH
Graf-Zippe-Str. 1,
18059 Rostock
Tel. 03 81/3 75 41-2
Fax 03 81/3 75 43

DE-037 ÖKOP Ökologischer Prüfverband für Landbau und Ernährungswirtschaft e. V.
Tiefenbacherweg 24
93149 Nittenau
Tel. 0 94 36/87 76
Fax 0 94 36/29 58

DE-039* Gesellschaft für Ressourcenschutz (GfR)
Prinzenstraße 4
37073 Göttingen
Tel. 05 51/5 86 57
Fax 05 51/5 87 74

Fachbüro Weinbau
Prälat-Werthmann-Straße 37
65366 Geisenheim
Tel. 67 22/98 10 00
Fax 67 22/98 10 02

DE-044 BiLaCon GmbH
Gustav-Adolf-Straße 143
13086 Berlin
Tel. 0 30/4 71 60 92
Fax 0 30/4 71 79 21

DE-048 Bionomic GmbH
Augsbergweg 13
56626 Andernach
Tel. 0 26 32/49 17 07
Fax 0 26 32/49 17 07

DE-049* Ecocontrol, Ökologische Kontroll- und Zertifizierungs GmbH (Ecocert Deutschland)
Sülte 20a
37520 Osterode/Harz
Tel. 0 55 22/95 11 61
Fax 0 55 22/95 11 64

DE-050 Analytisches Institut Wulf Bostel
Florianstraße 31
70188 Stuttgart
Tel. 07 11/28 52 80
Fax 07 11 2 85 28 55

DE-051 Ertox GmbH
Hauptstraße 62
16352 Schönwalde
Tel. 03 30 56/8 13 15
Fax 03 30 56/8 18 50

DE-053 Sachverständigenbüro
Michael Rechtsteiner
Promenadenring 16
02708 Löbau
Tel. 0 35 85/40 15 65
Fax 0 35 85/40 15 65

DE-054 Skal
Fabrikstraße 3
48599 Gronau
Tel. 0 25 62/93 10 37
Fax 0 25 62/34 29

DE-055 Prümburg Institut
Prümburgstraße 3
66571 Eppelborn
Tel. 0 68 81/80 02 13
Fax 0 68 81/80 02 66

DE-058 ACG Agrar Control GmbH
Endenischer Allee 64
53115 Bonn
Tel. 02 28/70 33 73
Fax 02 28/7 26 32-23

DE-055 ifta-Cert
Neukirchstraße 26
13089 Berlin
Tel. 0 30/4 78 80 30
Fax 0 30/47 88 03 20

* Bundesweit zugelassen

Springer-Verlag
Berlin Heidelberg GmbH

Begleitschein April 1997

Sehr geehrte Abonnentin,
sehr geehrter Abonnent,

beiliegend erhalten Sie die neue Folgelieferung zu Ihrem SpringerLoseblattSystem **Ökologische Landwirtschaft.** Wir wünschen Ihnen eine anregende Lektüre.

Herausgeber
Verlag
Redaktionsteam

Postkarte für Kritik und Vorschläge an die Redaktion des LoseblattSystems »Ökologische Landwirtschaft«

Sehr geehrte Damen und Herren, ...

Diese Postkarte ist an die Redaktion (in Düsseldorf) adressiert und daher nicht geeignet für geschäftliche Post an den Verlag (in Berlin) - siehe Impressum

Bestellkarte

Hiermit bestelle ich ein Exemplar
I. Lünzer, H. Vogtmann (Hrsg.)
Ökologische Landwirtschaft
Springer LoseblattSystem, DIN A5,
ca. 1000 Seiten, Preis: DM 148,–
zuzügl. Porto und Verpackung

Diese Bestellung kann ich innerhalb von 14 Tagen widerrufen. Dazu genügt eine einfache Postkarte. Von dieser Garantie habe ich Kenntnis genommen und bestätige das mit meiner zweiten Unterschrift.

Datum Ihre Unterschrift

Datum Ihre Unterschrift